高等学校基础化学实验
精品教材系列丛书

无机化学实验

Inorganic Chemistry Experiments

高明慧 编著

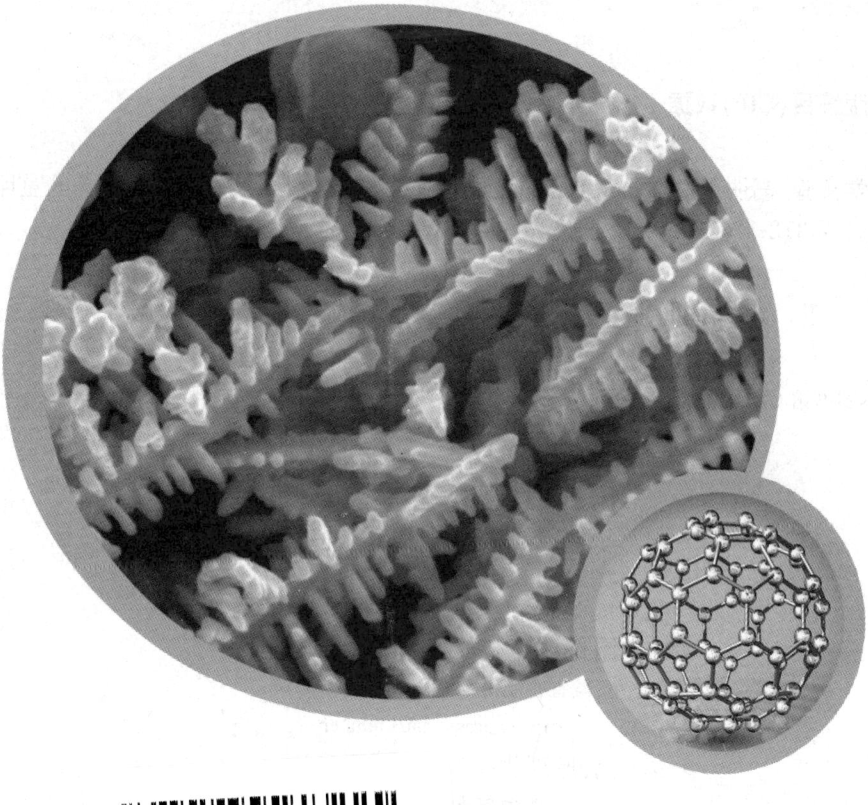

中国科学技术大学出版社

内 容 简 介

本书是作者多年从事无机化学实验教学与研究的经验总结和成果体现，既保留了一些相对比较成熟、经典的实验内容，又增加了微型绿色化学实验和环境监测等前沿实验内容，意在开拓学生的视野和扩大学生的知识面，更有助于提高学生综合分析问题、解决问题和创新思维的能力。本书具有四大特点：其一，力求具有代表性，既加强无机化学基本理论和实验技能的训练，又调动学生的学习兴趣；其二，力求少一些“验证式”、“注入式”，多一些“讨论式”和“研究式”，以调动学生的主观能动性；其三，启迪思维，克服“照方抓药”的弊病，加强实验能力的培养，把实验课作为实践尝试和探索知识的平台；其四，常用仪器的使用方法穿插在相应的实验中，便于学生更好地掌握仪器的操作。

本书可作为高等院校化学、化工、材料、轻工、食品、冶金、环境和生物工程等专业的无机化学实验教材，也可供相关教师和实验人员参考。

图书在版编目(CIP)数据

无机化学实验/高明慧编著．—合肥：中国科学技术大学出版社，2011.2(2013.8 重印)
ISBN 978-7-312-02773-4

Ⅰ．无…　Ⅱ．高…　Ⅲ．无机化学—化学实验—高等学校—教材　Ⅳ．O61-33

中国版本图书馆 CIP 数据核字(2011)第 019712 号

中国科学技术大学出版社出版发行
安徽省合肥市金寨路 96 号，230026
http://press.ustc.edu.cn
合肥现代印务有限公司印刷
全国新华书店经销

开本：787 mm×1092 mm　1/16　印张：10.75　字数：275 千
2011 年 2 月第 1 版　2013 年 8 月第 2 次印刷
定价：19.80 元

前　言

全书以无机化学理论课程的要求为依据，由6章正文28个精选实验和7个附录组成。实验内容的选取都紧紧围绕并配合无机化学理论课程，充分体现了应用化学专业的特点。6章正文按照绪论、基本化学原理及常数的测定、基础无机化学实验、元素及其化合物的性质、无机化合物的制备、综合型与设计型实验的顺序编写。第一章绪论，简单介绍了无机化学实验的目的、学习方法和实验室的基本知识，重点阐述了实验数据处理和实验基本操作的方法，内容不多，但全部都是精华。第二章至第六章精选了28个实验，通过这些实验的训练，可以加深学生对无机化学的基本理论和基本概念的理解，培养他们实事求是、科学严谨的态度。附录一至附录七分别为元素的相对原子质量、常用酸碱试剂的浓度和密度、酸与碱的解离常数、化合物的溶度积常数、配合物稳定常数、标准电极电势和特种试剂的配制，附录中的数据准确全面，能满足学生的需求。

编写本书的理念来自于教学实验改革，富有特色、富有创意、富有成效是本书的宗旨。本书层次分明，语言流畅，条理清楚，注重素质教育，具有启发性。教材凝聚了作者多年从事无机化学实验教学的经验和成果，对精选的28个实验，作者从配试剂开始都进行了认认真真的试做，并写出了实验报告，所以每个实验从原理、步骤、现象、结果到最后的注意事项，甚至添加每种药品的用量都是作者多年的实践经验总结，尤其是对学生易混淆、不清楚的地方和常犯的错误都作了交待。本书旨在帮助学生进行预习和开展实验，启迪思维，从而养成良好的实验习惯和体味实验的关键所在，为今后的学习、工作及从事科学研究打下坚实的基础。

本书每个实验的设计都有很多创新，每个实验都有特色，很有新意。

由于作者水平有限和编写时间仓促，不周及不当之处在所难免，恳请同行批评指正。

作者
2011年1月
于南京航空航天大学

目　录

第一章 绪 论

第一节 无机化学实验的目的和学习方法

无机化学实验是无机化学课程的重要组成部分，也是无机化学学习中的一个重要环节。通过实验获得感性认识，可以加深并巩固学生对无机化学基本概念和基本理论的理解，使学生正确掌握无机化学实验的基本操作技能，学会观察实验现象和正确地使用一些常用仪器测量实验数据，正确地处理所得数据和表达实验结果，掌握一些无机物的制备、提纯和检验方法，培养学生独立思考、分析问题、解决问题和创新能力，培养学生实事求是、严谨认真的科学态度和良好的实验素质，为后续课程的学习和今后从事科研工作打下坚实的基础。

无机化学实验由学生独立完成，因此实验效果与正确的学习态度和学习方法密切相关。无机化学实验的学习方法，应抓住下面3个环节。

一、预习

预习是实验前必须完成的准备工作，是做好实验的前提，但是这个环节往往没有引起学生的足够重视，甚至不预习就进实验室。对实验的目的、原理和内容不清楚，结果浪费时间和药品。为了确保实验质量，实验前任课教师要检查每个学生的预习情况，对没有预习或预习不合格者，任课教师有权不让学生参加本次实验，学生应听从教师的安排。预习应达到下面6点要求：

1. 认真阅读实验教材和有关参考资料。
2. 明确实验目的，了解实验原理，熟悉实验内容和步骤。
3. 预习有关的基本实验操作、仪器使用和实验注意事项。
4. 估计实验中可能发生的现象和预期结果。
5. 掌握实验数据的处理方法和计算公式。
6. 写出预习报告。预习报告是进行实验的依据，因此预习报告应简明扼要，包括简要的原理、实验步骤（用框图或箭头表示）、需要记录的实验现象和测量数据的表格。

二、实验

实验是培养学生独立工作和思维能力的重要环节，必须认真、独立地完成。应做到以下3点：

1. 按照实验教材上规定的方法、步骤、试剂用量和加入顺序，认真操作，仔细观察，耐心等待，一丝不苟，如实地将实验现象、实验数据记录在预习报告中，这是养成良好科学习惯的必备素质。

2. 在实验中如遇到实验现象与理论不相符，力求自己解决。首先应认真分析操作过程，检查试剂是否正确，试剂浓度是否正确，是否严格按照书上的操作顺序。自己实在解决不了，为了正确说明问题，应在教师指导下重做或补充进行某些实验，养成自觉探究、解决问题的习惯。

3. 养成良好的科学习惯，遵守实验室工作规则。实验过程中应始终保持桌面布局合理、环境整齐和清洁。实验结束后，每个人首先清洗自己用过的玻璃仪器，摆放好试剂架上的试剂瓶和其他物品，整理并擦干净台面上仪器，最后清洁桌面、地面和水槽，经指导教师检查合格后再离开实验室。

三、实验报告

实验报告是每次实验的记录、概括和总结，它反映了学生的学习态度、知识水平和实验操作能力，必须及时、独立和严肃认真地如实填写。合格的实验报告包括以下5部分内容：

1. 实验目的和简要的实验基本原理。

2. 实验内容或步骤要求简明扼要，采用表格、框图、符号等形式来清晰明确地表示，千万不能全盘抄书。

3. 实验现象和数据记录。实验现象要表达正确，数据记录要根据所用仪器的精密度，保留正确的有效数字。绝不允许主观臆造或抄袭别人的作业，若经发现，本次实验按不及格处理。

4. 给予简明的解释、结论和数据处理。化学现象的解释最好写出主要反应方程式，另加文字简要叙述；结论要精炼、完整和表达清晰。若数据处理使用图表，图表要规范合理，最后数据计算结果要准确。

5. 问题讨论。对实验中遇到的问题提出自己的看法，或分析产生误差的原因，或对实验方法、实验内容等提出意见。此项内容作为实验附加分的依据。

第二节　实验室基本知识

一、化学实验室安全守则

在无机化学实验中，常常会使用一些易燃、易爆、有腐蚀性和有毒的化学药品，所以必须十分重视实验安全，决不能麻痹大意。实验前一定要预习，充分了解每次实验中所用到的化学药品的性能以及可能存在的危险。实验过程中要集中精力，严格遵守以下操作规程和安全守则：

1. 实验室内严禁吸烟、饮食和打闹。

2. 实验室所有药品、仪器不得带出室外。

3. 洗液、浓酸、浓碱具有强腐蚀性，应避免溅落在皮肤、衣服和书本上，更应防止溅入眼睛里。

4. 能产生有刺激性或有毒气体（如 H_2S、Cl_2、SO_2 等）的实验应在通风橱内进行。有机溶剂（如苯、丙酮、乙醚等）易燃，使用时要远离火源，最好在通风橱内进行操作。

5. 加热、浓缩液体时要十分小心。加热试管时，不要将试管口对着自己或别人，也不要俯视正在加热的液体，以免液体溅出。浓缩液体时，特别是有晶体出现之后，要不停地搅拌，不能离开。

6. 当需要借助于嗅觉判别气体时，决不能用鼻子直接对着试剂瓶口或试管口嗅闻气体，应用手轻拂气体，把少量气体扇向自己再闻。

7. 有毒试剂（如氰化钾、汞盐、铅盐、钡盐、重铬酸钾等）不得入口或接触伤口，也不能随便倒入下水道，应统一回收处理。在不了解化学药品性质时，禁止任意混合各种试剂药品，以免发生意外事故。

8. 实验完毕，应将实验室整理干净，检查水、电、气等是否关闭，洗净双手后才能离开实验室。

9. 灭火常识。物质燃烧需要空气和一定的温度，所以通过降温或者将燃烧的物质与空气隔绝，能达到灭火的目的。可采取：①停止加热和切断电源，防止火势蔓延；②用湿布、石棉布或沙子灭火；③使用灭火器等措施灭火。

10. 实验室中一般伤害的简单救护。

(1) 割伤：首先挑出伤口异物，然后涂上红药水或紫药水，再用纱布包扎，必要时送医院诊治。

(2) 烫伤：切忌用水冲洗，可在烫伤处涂抹烫伤药（如红花油），不要把烫伤的水泡挑破，严重者送医院治疗。

(3) 酸伤：先用大量水冲洗，然后用饱和碳酸氢钠溶液或稀氨水冲洗，最后再用水冲洗。

(4) 碱伤：先用大量水冲洗，再用 3%～5% 醋酸溶液或 3% 硼酸溶液冲洗，最后再用水冲洗。

(5) 吸入溴蒸气、氯气、氯化氢、硫化氢、一氧化碳等有毒气体后，应立即离开实验室，转移到空气新鲜的地方。

(6) 触电：迅速切断电源，如不能切断电源，要用木棍挑开电线或戴上绝缘橡皮手套，使触电者脱离电源，切不可用手去拉触电者。把触电者转移到空气新鲜的地方，解开衣服，使其全身舒展，必要时进行人工呼吸等急救措施。

(7) 中毒：误吞毒物，最常用的急救方法是给中毒者先服催吐剂如：肥皂水，或给予面粉和水、鸡蛋白、牛奶、食用油等缓和刺激，然后用手指伸入喉部以促使呕吐，立即送医院治疗。若有毒物质溅入眼睛或皮肤上，要用大量水冲洗。

二、实验室三废的处理

实验室实际上是一个典型的小型污染源，尤其是城区和居民区附近的实验室对环境危害特别大。因为很多实验室的下水道与居民的下水道相通，污染物通过下水道形成交叉污染，最后流入河中或者渗入地下，其危害不可估量，所以实验室的三废处理工作是实验室的重要组成部分。实验室的污染物种类复杂、毒害大，应根据具体情况，分别制订处理方案。污染物的一般处理原则是：分类收集、存放，分别集中处理。尽可能采用废物回收或固化、焚烧处理。在实际工作中选择合适的方法进行检测，尽可能减少废物量、减少污染。最终废弃物排放应符合国家有关环境排放标准。

(一) 废气的处理

产生少量有毒气体的实验应在通风橱内进行，通过排风设备排到室外，避免污染室内空气。通风橱排气口应以保证对外排气不影响附近居民的身心健康为原则，排气口朝向应避开居民点并有一定的高度，使之易于扩散。产生毒气量大的实验必须备有吸收或处理装置，如二氧化碳、氧化氮、二氧化硫、氯气、硫化氢、氟化氢等可用导管通入碱液中，使其大部分被吸收后再排出，一氧化碳可点燃转成二氧化碳，可燃性有机废液可在燃烧炉中通入氧气使之完全燃烧。

(二) 废液的处理

1. 低浓度含酚废液加次氯酸钠或漂白粉使酚氧化为二氧化碳和水。高浓度含酚废液用乙酸丁酯萃取，重新蒸馏回收酚。

2. 含氰化物的废液，先用氢氧化钠溶液调节 pH 值在 10 以上，再加入 3% 的高锰酸钾使氰化物氧化分解。氰化物含量高的废液用碱性氧化法处理，即 pH 值在 10 以上再加入次氯酸钠使氰化物氧化分解。

3. 含汞盐的废液先调节 pH = 8～10，加入过量硫化钠，使其生成硫化汞沉淀，再加入共沉淀剂硫酸亚铁，硫化亚铁将水中的悬浮物硫化汞微粒吸附而共沉淀，排除清液，残渣再制成汞盐或深埋。但需注意的是该操作一定要在通风橱内进行。

4. 铬酸洗液失效，浓缩冷却后加入高锰酸钾粉末氧化，用砂心漏斗滤去二氧化锰后即可重新使用。废洗液用废铁屑还原残留的 Cr^{6+} 为 Cr^{3+}，再将废液中和成低毒的 $Cr(OH)_3$ 沉淀。

5. 含砷废液，加入氧化钙，调节 pH 值为 8，生成砷酸钙和亚砷酸钙沉淀，或调节 pH 值在 10 以上，加入硫化钠与砷反应，生成难溶、低毒的硫化物沉淀。

6. 含铅、镉的废液，用消石灰调节 pH = 8～10，使 Pb^{2+}、Cd^{2+} 生成 $Pb(OH)_2$ 和 $Cd(OH)_2$ 沉淀，再加入硫酸亚铁作为共沉淀剂，产生的残渣深埋于地下。

7. 有机溶剂的回收。废乙醚溶液置于分液漏斗中，先用水洗一次，中和后用 0.5% 高锰酸钾溶液洗至紫色不褪，再用水洗。接着用 0.5%～1% 硫酸亚铁溶液洗涤，除去过氧化物，再用水洗，用氯化钙干燥、过滤、分馏、收集 33.5 ℃～34.5 ℃ 馏分。其他废液如：氯仿、乙醇、四氯化碳等都可以通过水洗后再用试剂处理，最后通过蒸馏收集沸点附近的馏分，得到可再用的溶剂。

(三) 固体废物的处理

实验中出现的固体废弃物不能随便乱扔，以免发生事故。能放出有毒气体或能自燃的危险废物不能丢进废品箱内或排入下水管道中。不溶于水的固体废弃物不能直接倒入垃圾桶，必须将其在适当的地方烧掉或用化学方法处理成无害物。碎玻璃和其他有棱角的锐利废料，不能丢进废纸篓内，应收集于特殊废品箱内处理。

（四）实验室污染治理的现状

有些国家有专门的实验室废弃物处理站来集中收集处理废弃物，实验室废弃物集中处理站的管理严格、规范，安全环保意识极强。专门地点集中，专门房间、专门容器存放、专门人员管理，严格分区、分类、集中送特殊废品处理场处理。各种废弃物由各实验室分类上交后，处理站要对上交来的废弃物称重后将信息存入计算机，再分类放到规定地方。例如，报废放射源、废机油、废化学试剂、化学合成“三废物”、化学品废弃容器等都分类存放。废弃物集中处理站设施完备、先进，安全可靠。为防止集中后的地下渗漏二次污染，设计时将处理站地下全部用水泥整体浇注。危险化学品、放射源存放在专门房间，有安全监控、排风系统。废弃物集中处理站的费用由政府每年的经费预算中列支。另一方面，可回收废品被收购后所得资金则用于废弃物集中处理站的进一步发展。

第三节 实验数据处理

一、误差

（一）真值

在某一时刻、某一位置或状态下，某量的效应体现出的客观值或实际值称为真值。真值包括理论真值、约定真值和相对真值。

1. 理论真值：如三角形内角之和等于180°。

2. 约定真值：由国际计量大会定义的单位值。

3. 相对真值：标准器（包括标准物质）给出的数值。

（二）误差

由于被测量的数值形式通常不能以有限位数表示，又由于认识能力的不足和科学水平的限制，测量值与其真值并不完全一致，表现在数值上的这种差异即为误差。误差按其产生的原因和性质分为系统误差、随机误差和过失误差。

1. 系统误差

系统误差又称为恒定误差、可测误差或偏移。指在多次测量同一量时，其测量值与真实值之间误差的绝对值和符号保持恒定，或在改变测量条件时，测量值常表现出按某一确定规律变化的误差。

实验或测量条件一经确定，系统误差就获得一个客观上的恒定值，多次测量的平均值也不能减弱它的影响。

产生的原因：方法误差、仪器误差、试剂误差、操作误差和环境误差。

消减的方法：仪器校准、空白实验、标准物质对比分析和回收率实验。

2. 随机误差

随机误差又称为偶然误差或不可测误差。是由测量过程中各种随机因素的共同作用造成的。在实际测量条件下,多次测量同一量时,误差的绝对值和符号的变化,时大时小,时正时负,以不可测定的方式变化。

随机误差遵从正态分布,特点为:有界性、单峰性、对称性和抵偿性。

产生的原因:由能够影响测量结果的许多不可控制或未加控制的因素的微小波动引起的。它可视为大量随机因素导致的误差的叠加。

减小的方法:严格控制实验条件,正确地执行操作规程和增加测量次数。

3. 过失误差

过失误差也叫粗差,它是分析者在测量过程中发生的不应有的错误而造成的。它无一定的规律可循。

含有过失误差的测量数据,经常表现为离群数据,可按照离群数据的统计检验方法将其剔除。

过失误差一经发现必须及时纠正。消除过失误差的关键是提高分析人员的业务素质和工作责任感,不断提高其理论和技术水平。

(三) 误差的表示方法

1. 绝对误差

为测量值(单一测量值或多次测量值的均值)与真值之差。测量结果大于真值时,误差为正,反之为负。

$$绝对误差=测量值-真值$$

2. 相对误差

为绝对误差与真值的比值,常以百分数表示。

$$相对误差=绝对误差\div 真值$$

3. 绝对偏差

为某一测量值(x_i)与多次测量值的均值($\overline{x}$)之差,以 d_i 表示。

$$d_i = x_i - \overline{x}$$

4. 相对偏差

为绝对偏差与均值的比值,常以百分数表示。

$$相对偏差 = d_i \div \overline{x}$$

5. 平均偏差

为绝对偏差的绝对值之和的平均值,以 $\overline{d}$ 表示。

$$\overline{d} = \frac{1}{n}\sum_{i=1}^{n}|d_{\mathrm{i}}| = \frac{1}{n}(|d_1| + |d_2| + \cdots + |d_n|)$$

6. 相对平均偏差

为平均偏差与测量均值的比值,常以百分数表示。

$$相对平均偏差 = \overline{d} \div \overline{x}$$

7. 极差

为一组测量值内的最大值与最小值之差,又称为范围误差或全距,以 R 表示。

$$R = x_{\max} - x_{\min}$$

8. 差方和

又称为离均差平方和或平方和，指绝对偏差的平方之和，以 S 表示。

$$S = \sum_{i=1}^{n}(x_i - \overline{x})^2 = \sum_{i=1}^{n} d_i^2$$

9. 方差

以 s^2 或 V 表示。

$$s^2 = \frac{1}{n-1}\sum_{i=1}^{n}(x_i - \overline{x})^2 = \frac{1}{n-1}S$$

10. 标准偏差

也称为标准差，以 s 或 SD 表示。

$$s = \sqrt{\frac{1}{n-1}\sum_{i=1}^{n}(x_i - \overline{x})^2} = \sqrt{s^2} = \sqrt{\frac{1}{n-1}S}$$

11. 相对标准偏差

又称为变异系数，是标准偏差与其均值的比值，常用百分数表示，前者记为 RSD，后者记为 CV。

$$RSD(CV) = \frac{s}{\overline{x}} \times 100\%$$

二、名词解释

1. 准确度

准确度常用以度量一个特定分析程序所获得的分析结果（单次测定值或重复测定值的均值）与假定的或公认的真值之间的符合程度。一个分析方法或分析系统的准确度是反映该方法或该测量系统存在的系统误差和随机误差的综合指标，它决定着这个分析结果的可靠性。

准确度用绝对误差或相对误差表示。

准确度的评价方法：标准物质分析、回收率测定和不同方法的比较。

2. 精密度

精密度是使用特定的分析程序在受控条件下重复分析均一样品所得测定值之间的一致程度。它反映了分析方法或测量系统存在的随机误差的大小。测量结果的随机误差越小，测量的精密度越高。

精密度常用极差、平均偏差和相对平均偏差、标准偏差和相对标准偏差表示。标准偏差在数理统计中属于无偏估计量而常被采用。

为满足某些特殊需要，常用平行性、重复性和再现性作为精密度的专用术语。

3. 灵敏度

灵敏度指某方法对单位浓度或单位量待测物质变化所致的响应量的变化程度。它可以用仪器的响应量或其他指示量与对应的待测物质的浓度或量之比来描述。如分光光度法常以标准曲线的斜率来度量灵敏度。一个分析方法的灵敏度可因实验条件的变化而改变，在一定的实验条件下，灵敏度具有相对的稳定性。

分光光度法中常用的摩尔吸光系数 ε，是指当测量光程为 1 cm，待测物质浓度为

1 mol/L，相应于待测物质的吸光系数。ε 越大，方法的灵敏度越高。

4. 空白实验

空白实验指除用水代替样品外，其他所加试剂和操作步骤均与样品测定完全相同的操作过程。空白实验应与样品测定同时进行。

样品分析的响应值如吸光度和峰高等，通常不仅是样品中待测物质的响应值，还包括其他所有因素，如试剂中的杂质、器皿、环境以及操作过程中污染等的响应值。由于影响空白值的各种因素大小经常变化，为了解这些因素的综合影响，在分析样品的同时，每次均应作空白实验。空白实验所得的结果称为空白实验值。

实验用水应符合要求，其中待测物质的浓度应低于所用方法的检出限。否则将增大空白实验值及其标准偏差而影响实验结果的精密度和准确度。

5. 标准曲线

标准曲线是描述待测物质浓度或量与相应的测量仪器响应量或其他指示量之间的定量关系的曲线。标准曲线包括“工作曲线”(标准溶液的分析步骤与样品分析步骤完全相同)和“标准曲线”(标准溶液的分析步骤与样品分析步骤相比有所省略，如省略样品的前处理)。

某方法标准曲线的直线部分所对应的待测物质浓度或量的变化范围，称为该方法的线性范围。

标准曲线的绘制如下：

(1) 配制在测量范围内的一系列已知浓度的标准溶液。

(2) 按照与样品测定完全相同的分析步骤测定各浓度标准溶液的响应值。

(3) 选择适当的坐标纸，以响应值为纵坐标，浓度或量为横坐标，将测量数据标在坐标纸上植点。

(4) 通过各点绘制一条合理的曲线。在样品分析中，通常选用它的直线部分。

(5) 标准曲线的点阵符合要求时，亦可用最小二乘法的原理计算回归方程。

6. 检出限

检出限为某特定分析方法在给定的置信度内可从样品中检出待测物质的最小浓度或最小量。所谓“检出”是指定性检出，即判定样品中存有浓度高于空白的待测物质。

7. 方法的适用范围

方法的适用范围为某特定方法具有可获得响应的浓度范围。在此范围内可用于定性或定量的目的。

8. 测定限

测定限为定量范围的两端，分别为测定上限和测定下限。

测定上限指在限定误差能满足预定要求的前提下，用特定方法能够准确地定量测定待测物质的最大浓度或量。对没有或消除了系统误差的特定分析方法的精密度要求不同，测定上限也有所不同。

测定下限指在测定误差能满足预定要求的前提下，用特定方法能够准确地定量测定待测物质的最小浓度或量。在没有或消除了系统误差的前提下，它受精密度要求的限制。通常分析方法的精密度要求越高，测定下限高于检出限越多。常以 3.3 倍检出限浓度作为测定下限。

9. 最佳测定范围

最佳测定范围亦称为有效测定范围，指在限定误差能够满足预定要求的前提下，特定方法的测定下限至测定上限之间的浓度范围。在此范围内能够准确地定量地测定待测物质的浓度或量。最佳测定范围应小于方法的适用范围。测量结果的精密度越高，相应的最佳测定范围就越小。

三、有效数字和数值计算

（一）有效数字

有效数字由全部确定数字和一位不确定数字构成。

有效数字构成的数值如测定值与通常数学上的数值在概念上是不同的。如：21.5、21.50和21.500在数学上都视为同一数值，但如用于表示测定值，它所反映的测定结果的准确程度是不相同的。

有效数字用于表示测量结果，指测量中实际能测得的数字，即表示数字的有效意义。一个由有效数字构成的数值，其倒数第二位以上的数字应该是可靠的或确定的，只有末位数字是可疑的或不确定的。

有效数字构成的测定值必然是近似值，所以测定值的运算应按照近似计算规则进行。

数字"0"，当它用于表示小数点的位置，而与测定的准确程度无关时，不是有效数字；当它用于表示与测定的准确程度有关的数值大小时，就是有效数字。这与"0"在数值中的位置有关。

1. 第一个非零数字前的"0"不是有效数字，如：

0.0489　　三位有效数字

0.0009　　一位有效数字

2. 非零数字中的"0"是有效数字，如：

2.0076　　五位有效数字

4202　　四位有效数字

3. 小数中最后一个非零数字后的"0"是有效数字，如：

2.3200　　五位有效数字

0.870%　　三位有效数字

4. 以"0"结尾的整数，有效数字的位数难以判断，如：48900可能是三位、四位或五位有效数字。在此情况下，应根据测定值的准确程度改写成指数形式，如：

4.89×10^4　　三位有效数字

4.890×10^4　　四位有效数字

4.8900×10^4　　五位有效数字

（二）数值的进舍修约规则

1. 拟舍弃数字的最左一位数字小于5时，则舍去，即保留的各位数字不变。如：

将12.3289修约到一位小数，得12.3

将12.3289修约成两位有效数字，得12

2. 拟舍弃数字的最左一位数字大于5或虽等于5而其后并非全部为0的数字时，则进

1,即保留的末位数字加1。如:

将1268修约到“百”位数,得13×10^2

将1268修约成三位有效数字,得127×10

将20.504修约到“个”位数,得21

3. 拟舍弃数字的最左一位数字是5,右边无数字或皆为0时,若所保留的末位数字为奇数则进1,为偶数则舍弃。如:

将0.075修约成一位有效数字,得0.08

将2.050修约成两位有效数字,得2.0

4. 负数修约时,先将它的绝对值按上述规则进行修约,然后在修约值前面加上负号。如:

将-485修约成两位有效数字,得-48×10

5. 拟修约数字应在确定修约位数后一次修约获得结果,而不应多次按上述规则连续修约。如:

将25.4546修约成两位有效数字,得25

不应将25.4546→25.455→25.46→25.5→26,得26

(三) 记数规则

1. 记录测量数据时,只保留一位可疑,即不确定的数字。

2. 表示精密度通常只取一位有效数字。测定次数很多时,方可取两位有效数字,而且最多只取两位有效数字。

3. 在数值计算中,当有效数字位数确定后,其余数字一律按修约规则舍去。

4. 在数值计算中,某些倍数、分数、不连续物理量的数目,以及不经测量而完全根据理论计算或定义得到的数值,其有效数字的位数可视为无限。这类数值在计算中需要几位就写几位有效数字。

5. 测量结果的有效数字所能达到的位数不能低于方法检出限的有效数字所能达到的位数。

(四) 近似计算规则

1. 加法和减法:进行加法和减法运算时,其和或差的有效数字决定于绝对误差最大的数值,即最后结果的有效数字与各个加、减数中的小数点后位数最少者相同。如:

$$508.4-438.63+13.046-6.0548=76.7$$

2. 乘法和除法:进行乘法和除法运算时,其积或商的有效数字决定于相对误差最大的数值,即最后结果的有效数字与各数中有效数字位数最少的数相同,而与小数点后的位数无关。如:

$$2.35\times3.642\times3.3576=28.7$$

3. 乘方和开方:进行乘方和开方运算时,最后结果的有效数字与原数相同,即原数有几位有效数字,计算结果就可以保留几位有效数字。如:

$$6.54^2=42.8$$

$$\sqrt{7.39}=2.72$$

4. 对数和反对数:进行对数运算时,所取对数的尾数应与真数有效数字位数相同。反

之,尾数有几位,真数就取几位。如:

$$pH=4.74,则\ c(H^+)=1.8\times10^{-5}\ mol/L$$

5. 平均值:求四个或四个以上准确度接近的近似值的平均值时,其有效数字可增加一位。如:

$$\frac{3.77+3.70+3.79+3.80+3.72}{5}=3.756$$

第四节　实验基本操作

一、常见玻璃仪器的使用

(一) 量筒

量筒是实验室中常用的度量液体体积的容量仪器。读取容积时,注意使视线与仪器内液体的弯月面的最低处保持同一水平。弯月面最低点与刻度线水平相切的刻度为液体体积的读数,如图 1-1 所示。它不能用作精确测量,只能用来测量液体的大致体积。

(二) 移液管

移液管用来准确地移取一定体积的溶液。常用的移液管中间有一膨胀部分的玻璃管,管颈上部刻有一圈标线。在一定温度下,管颈上端标线至下端出口间的容积是一定的,如 50 mL、25 mL 等不同规格。

使用移液管时,通常要先依次分别用铬酸洗液、自来水和去离子水洗净,并且用少量要移取的溶液润洗 2～3 次,以保证所移溶液的浓度不变。一般洗涤移液管用小烧杯盛放洗涤液,用吸耳球使移液管从小烧杯中吸入少量洗涤液,用双手把移液管端平,并水平转动移液管,使管内洗涤液润洗移液管内壁,然后把洗过的洗涤液从移液管下端出口放出。

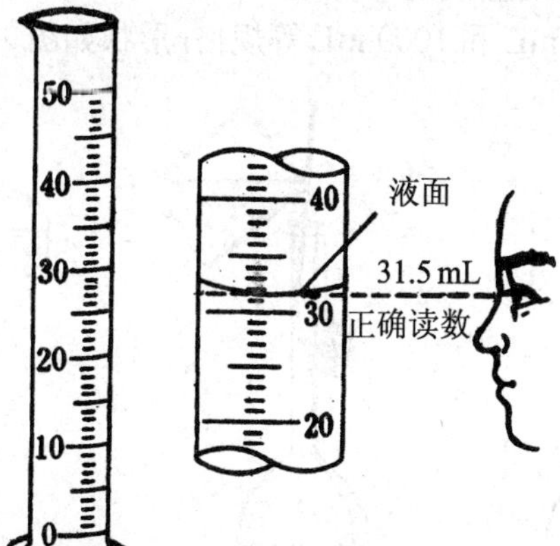

图 1-1　量筒及其读数法

使用移液管移取溶液时,一般是用右手大拇指和中指拿住移液管管颈上端,把移液管下端管口插入装有要移取的溶液中，左手拿吸耳球，先把吸耳球内空气挤出，然后把吸耳球的出口尖端紧压在移液管上端管口上，慢慢松开紧握吸耳球的左手，使移取的溶液吸入移液管内，见图 1-2(a)。当移液管内溶液液面升高到移液管上端管颈刻度标线以上时，立即拿开吸耳球，并马上用右手食指按住移液管上端管口，然后稍微放松食指，同时用大拇指和中指转动移液管，使移液管内液面慢慢下降，直至管内溶液的弯月面与管颈上端刻度标线相切，见图 1-2(b)，立即用食指按紧移液管上端管口，从小烧杯中取出移液管。把装满溶液的移液管垂直放入已洗净的锥形瓶中，使移液管下端出口紧靠在锥形瓶内壁上，锥形瓶略倾斜，松开食指，让移液管内溶液自然流入锥形瓶中，见图 1-2(c)。当移液管内溶液流完后，还需停留约 15 s，然后将移液管从锥形瓶中拿开。此时移液管下端出口处还会剩余少量溶液，不可用吸耳球将它吹入锥形瓶中，因为在校正它的容积刻度时，已除去了剩余少量溶液的体积。当使用标有“吹”字的移液管时，则必须把管内的残液吹入锥形瓶中。

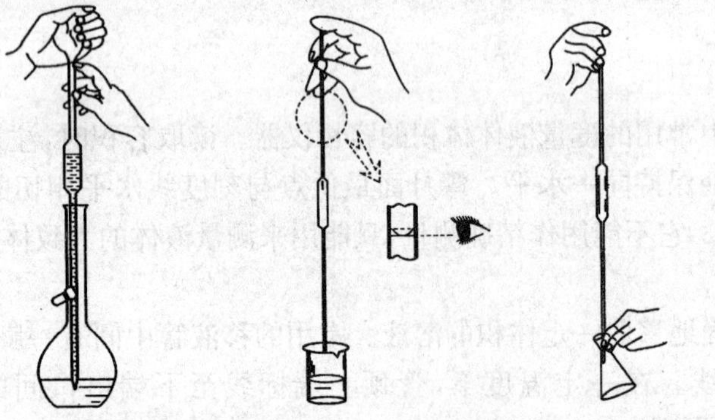

(a) 移液管吸液　(b) 使弯月面与标线相切　(c) 移液管放液

图 1-2　移液管的使用方法

(三) 容量瓶

容量瓶主要用来把精确称量的物质准确地配制成一定体积的溶液，或将浓溶液准确地稀释成一定体积的稀溶液。瓶颈上刻有环形标线，瓶上标有容积和标定时的温度，通常有 50 mL、100 mL、250 mL、500 mL 和 1000 mL 等规格，形状如图 1-3(a)所示。

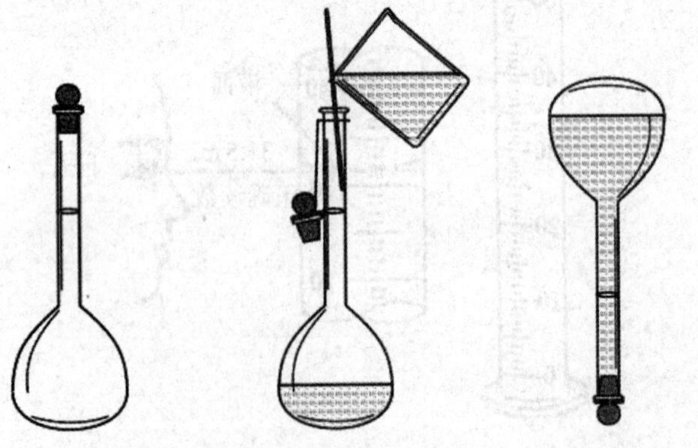

(a) 容量瓶形状　(b) 向容量瓶转移溶液　(c) 溶液混匀

图 1-3　容量瓶的使用方法

容量瓶使用前同样应洗到不挂水珠，使用时用细玻璃绳将瓶塞系在瓶颈上，以防瓶塞和瓶口弄错引起漏水。

当用固体配制一定体积的准确浓度的溶液时，通常将准确称量的固体放在小烧杯中，先用少量蒸馏水溶解后，再转移到容量瓶内。转移时烧杯嘴紧靠玻璃棒，玻璃棒下端紧靠瓶颈内壁，慢慢倾斜烧杯，使溶液沿玻璃棒顺瓶壁流下，如图 1-3(b)所示。溶液流完后，将烧杯沿玻璃棒轻轻上提，同时将烧杯直立，使附在玻璃棒与烧杯嘴之间的溶液流回到烧杯中。再用蒸馏水洗涤烧杯内壁几次，洗涤液如上法转入容量瓶内。然后用蒸馏水洗下瓶颈上附着的溶液，当加水至容积一半时，摇荡容量瓶使溶液混合均匀，应注意不要让溶液接触瓶塞及瓶颈磨口部分，继续加水至弯月面下沿与环形标线相切。用一只手的食指压住瓶塞，另一只手的大、中、食三个指头顶住瓶底边缘，如图 1-3(c)所示，倒转容量瓶，使瓶内气泡上升到顶部，剧烈振摇数秒，再倒转过来，如此反复数次，使溶液充分混匀。

当用浓溶液配制稀溶液时，先用移液管或吸量管吸取准确体积的浓溶液放入容量瓶中，再按上述方法稀释至标线，上下混匀。

容量瓶不能放在烘箱中烘烤，也不能用任何加热的方法来加速容量瓶中药品的溶解。长期不用的溶液不要放置在容量瓶中，应将其转移至洁净干燥或经该溶液润洗过的试剂瓶中保存。

(四) 锥形瓶

锥形瓶是圆锥形的平底玻璃瓶，见图 1-4，有 25 mL、50 mL、250 mL 等各种规格。滴定分析中通常用锥形瓶盛放用移液管准确移取的被滴定的溶液，同时锥形瓶便于滴定操作中作圆周转动，使从滴定管中滴入的溶液与被滴定溶液均匀混合，充分反应，而不使溶液溅出瓶外。滴定分析时，对锥形瓶的洗涤要求与滴定管、移液管不完全相同，洗涤锥形瓶只需依次用去污粉(或洗液)、自来水、去离子水洗净即可。不需用所装溶液润洗。

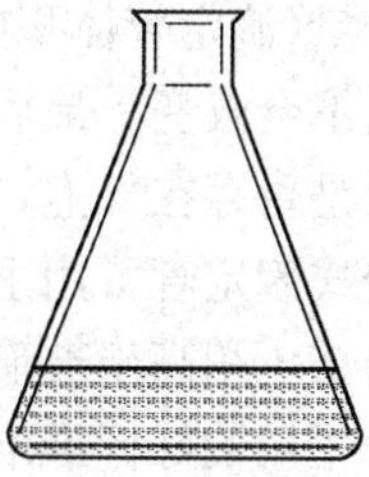

图 1-4　锥形瓶

(五) 滴定管

滴定管是滴定分析中用来准确测量管内流出液体体积的一种量具。通常，它能准确测量到 0.01 mL。常用滴定管的体积一般为 50 mL 和25 mL，滴定管上的刻度每一大格为 1 mL，每一小格为 0.1 mL，两刻度线之间可以估读出 0.01 mL，滴定管刻度值与常用的量筒不同，从滴定管的上端，从上到下刻度值增加。

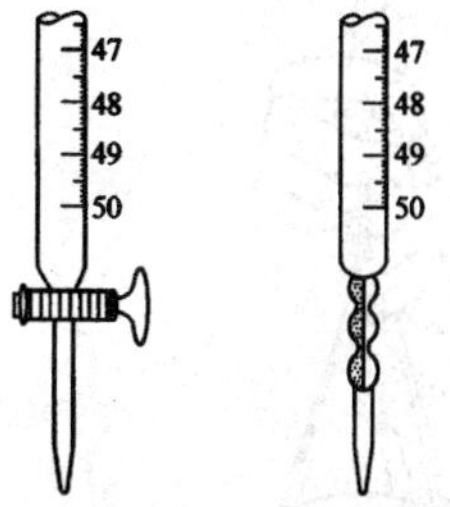

酸式滴定管　碱式滴定管

图 1-5　滴定管

一般滴定管分为酸式滴定管和碱式滴定管，它们的差别在于管的下端。酸式滴定管下端连接玻璃旋塞，可以控制管内溶液逐滴流出。酸式滴定管用来测量酸性溶液或氧化性溶液，不能用于碱性溶液，这是因为碱性溶液腐蚀磨口的玻璃旋塞，时间长了就会使旋塞粘住。碱性溶液应使用碱式滴定管，碱式滴定管的下端由橡皮管连接玻璃管嘴，见图 1-5，橡皮管内装有一个玻璃圆球代替旋塞，用大拇指和食指轻轻往一边挤压玻璃圆球旁边的橡皮管，使管内形成一条窄缝，溶液即从玻璃管嘴中滴出。碱式滴定管不能用来测量氧化性溶液(如 $KMnO_4$、I_2 溶液)，否则橡皮管与这些溶液反应而粘住。

在使用酸式滴定管前，通常先检查其玻璃旋塞是否漏水。如果发现漏水或者旋转不灵活，就应把玻璃旋塞取下，洗净后用碎滤纸片把水吸干，然后在旋塞栓粗端和栓管细端（避开中间小孔）涂上很薄一层凡士林，再把玻璃旋塞插入栓管中，向同一方向旋转几周，使凡士林均匀涂布，如图 1-6 所示，再用橡皮圈套在玻璃旋塞末端凹槽内，以防旋塞脱落，最后再检查装好的旋塞是否漏水。如碱式滴定管漏水，应更换橡皮管或玻璃珠。

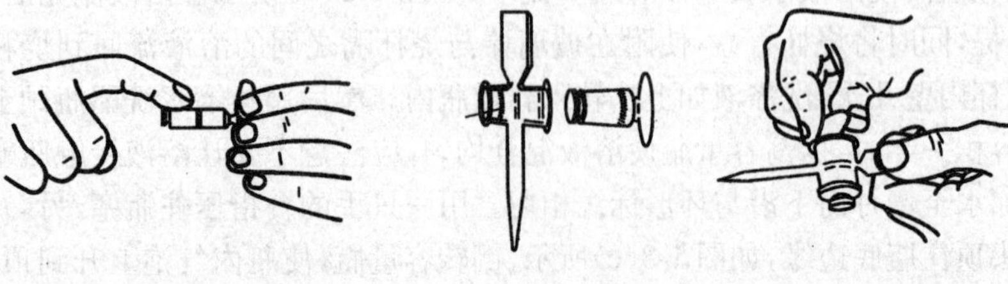

旋塞涂油　　旋塞安装　　转动旋塞

图 1-6　旋塞涂凡士林、安装和转动的方法

洗净的滴定管内壁应完全被水润湿而不挂水珠，所以在滴定开始前，对于酸式滴定管应首先用少量铬酸洗液（如 50 mL 滴定管，用约 10～15 mL）加入滴定管中洗涤（为何碱式滴定管不能用铬酸洗液？），用双手端平滴定管让管内溶液全部浸润滴定管内壁后，再让溶液通过活塞下面部分管嘴内壁，最后把洗液全部放出。然后依次分别用自来水、去离子水洗净，再用少量（滴定管体积的 1/4～1/3）标准溶液润洗 2～3 次，以保证装入滴定管内的标准溶液的浓度不会改变。最后把标准溶液装入滴定管中到上端刻度 0.00 以上，这时必须注意滴定管下段是否存在气泡，气泡在滴定过程中会引起较大误差，必须把滴定管下端的气泡赶出。如是酸式滴定管可用手迅速反复多次地打开旋塞，使溶液冲出带走气泡；如是碱式滴定管可用两指挤压稍高于玻璃珠所在处，使溶液从管口喷出，气泡亦随之而排出。

用装好标准溶液的滴定管进行滴定分析时，对于酸式滴定管一般都用左手大拇指、食指和中指捏住旋塞把手，手心空握，见图 1-7。转动旋塞时应注意不要让手掌顶出旋塞而造成漏液。右手握住锥形瓶颈并使滴定管管尖伸入瓶内，一边滴入溶液，一边向同一方向（顺时针）旋转摇动锥形瓶作圆周运动，如图 1-8 所示，使瓶内溶液充分混合，发生反应。不可前后振荡，以免溅出溶液，引起误差，整个滴定过程中，左手一直不能离开旋塞而让溶液自流。对于碱式滴定管一般都是左手拇指在前，食指在后，捏挤玻璃珠外面的橡皮管，溶液便可流出，但不能捏挤玻璃珠下面的橡皮管，否则会在管嘴出现气泡。滴定速度不可过快，要使溶液逐滴流出而不连成线，滴定速度一般为 10 mL/min 即 3～4 滴/s。

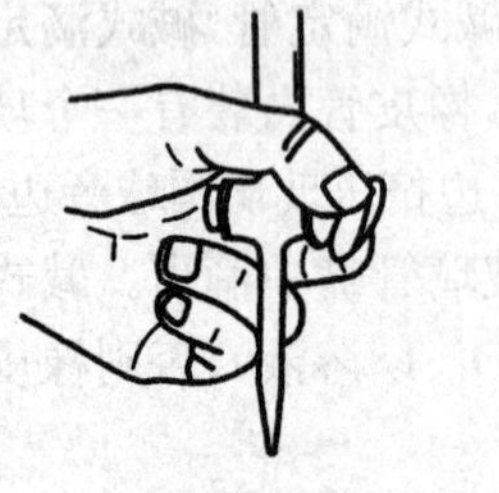

图 1-7　酸式滴定管操作方法

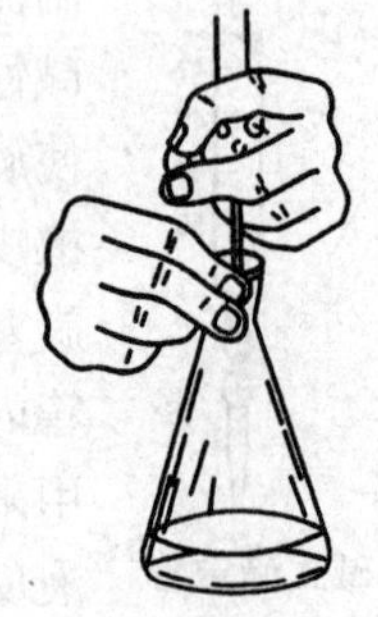

图 1-8　滴定操作方法

滴定过程中，要注意观察标准溶液的滴落点。开始滴定时，离终点很远，滴入标准溶液时一般不会引起可见的变化，但滴到后来，滴落点周围会出现暂时性的颜色变化而当即消失，随着离终点愈来愈近，颜色消失渐慢，在接近终点时，新出现的颜色暂时地扩散到较大范围，但转动锥形瓶1～2圈后仍完全消失。此时应不再边滴边摇，而应滴一滴摇几下。通常最后滴入半滴，溶液颜色突然变化而半分钟内不褪，则表示终点已达到。滴加半滴溶液时，可慢慢控制旋塞，使液滴悬挂管尖而不滴落，用锥形瓶内壁将液滴擦下，再用洗瓶以少量蒸馏水将之冲入锥形瓶中。

滴定过程中，尤其临近终点时，应用洗瓶将溅在瓶壁上的溶液洗下去，以免引起误差。

读取从滴定管中放出溶液的体积。对于无色或浅色溶液，视线应与管内溶液弯月面最低点保持水平，读出相应的刻度值；对于深色溶液（如 $KMnO_4$），则应观察溶液液面最上缘。读数必须准确到0.01 mL。为了减少测量误差，每次滴定应从0.00开始或从接近零刻度的任一刻度开始，即每次都用滴定管的同一段体积。

（六）烧杯中液体的加热

所盛液体的体积，应不超过烧杯容积的1/3。加热前，要先将烧杯外壁上的水擦干，再放在石棉网上加热。

（七）试管中液体的加热

所盛液体的量，不应超过试管高度的1/3。加热时应该用试管夹夹住试管的中上部，如图1-9所示，试管口不能对着自己或别人，以免加热时迸溅到脸上，造成烫伤。加热时应使液体受热均匀，先加热液体的中上部，再慢慢移动试管，热及下部，然后不时地振荡试管，从而使液体各部分均匀受热，以免试管内部液体因局部沸腾而迸溅，造成烫伤。

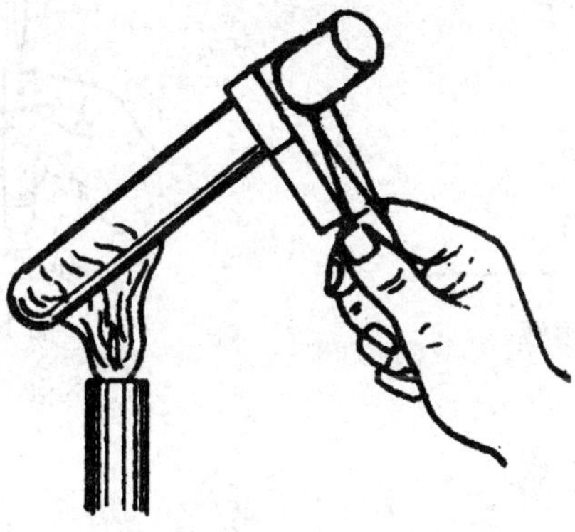

图1-9 加热试管内的液体

二、化学试剂的取用

（一）固体试剂的取用

1. 一般都用药匙来取用固体试剂。药匙的两端有大小不同的两个匙，分别用于取大量固体和少量固体。注意药匙的清洁和干燥，以避免固体试剂被污染，最好专匙专用。用玻璃棒制作的小玻璃勺可长期存放于盛有固体试剂的小广口瓶中，勿须每次洗涤。

2. 往试管中加入固体试剂时，也可将药品放在对折的纸片上，再伸进试管的 2/3 处。如固体颗粒较大，可放在干燥洁净的研钵中研碎。研钵中固体试剂的量不应超过研钵容量的 1/3。

3. 取固体试剂称量前，先看清标签，再打开瓶盖和瓶塞，将瓶塞反放在实验台上。然后用干燥洁净的药匙取固体试剂放在称量纸上称量，但对于具有腐蚀性、强氧化性和易潮解的固体试剂应放在玻璃容器内称量。多取的固体试剂不能放回原试剂瓶，取完药品立即把瓶塞塞紧，绝不能将瓶塞张冠李戴。

(二) 液体试剂的取用

1. 从细口瓶中取用液体试剂通常用倾注法。先将瓶塞取下，然后反放在实验台上，手握瓶上贴标签的一侧倾注试剂，如图 1-10 所示，倾出所需量后，将瓶口在容器上靠一下，再逐渐竖起瓶子，以免留在瓶口的液滴流到瓶的外壁。

2. 从滴瓶中取用液体试剂时，先将液体试剂吸入滴管后，滴入试管时，不得将滴管插入试管中，如图 1-11 所示，以免触及试管内壁而污染药品，滴管只能专用，用后随时放回原滴瓶。使用滴管的过程中，装有试剂的滴管，不得横放或滴管口向上倾斜，以免液体流入滴管的橡皮帽中。试管实验中，可由计算滴数的办法估计取用液体的量，一般滴管，16～20 滴液体约为 1 mL。

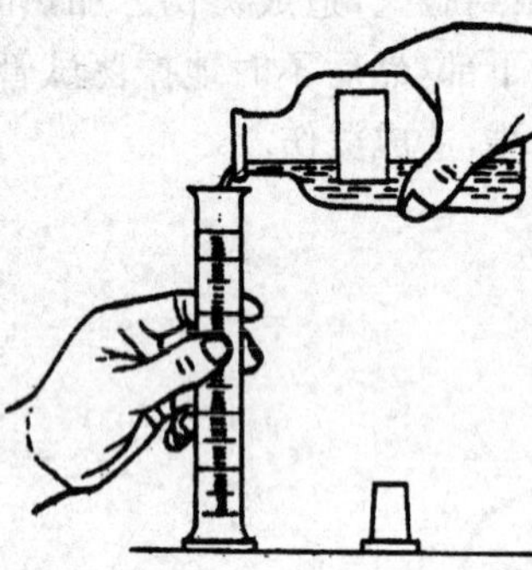

图 1-10　倾注溶液

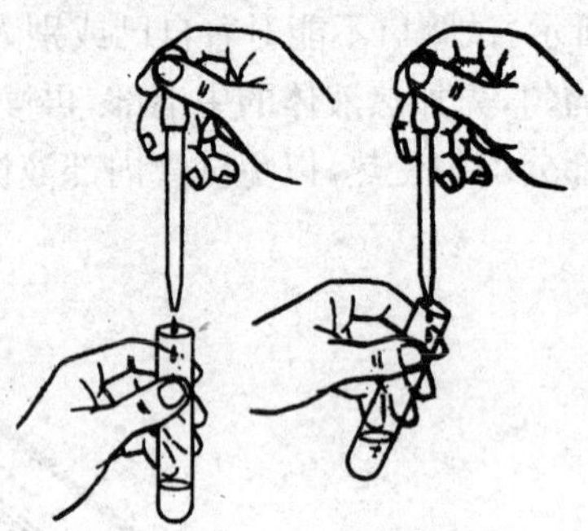

(a) 正确　(b) 不正确

图 1-11　滴管加试剂

三、重量分析操作技术

重量分析的步骤是将待测组分经沉淀→过滤→沉淀洗涤→干燥或灼烧→称重等以测定其含量的方法。现分述如下：

(一) 沉淀

沉淀操作是重量分析法的首要环节，是将待测组分以难溶化合物的形式由水相中分离出来的技术。

1. 沉淀的形成

沉淀的溶解度必须很小以保证待测组分完全分离。

沉淀反应是否完全，可根据溶液中待测组分的残留量来衡量，通常要求其不得超过

0.0001 g,即小于分析天平的称量允许误差。

同离子效应、盐效应、酸效应、络合效应,以及温度、介质、晶体结构等均影响沉淀的溶解度。为保证结果的准确性,在沉淀操作中常用增加沉淀剂用量、适当调整溶液酸度、降低强电解质含量等方法以降低沉淀的溶解度。

通常,沉淀的溶解度随温度升高而加大,所以在操作中应控制反应温度,避免沉淀损失。

2. 沉淀的类型

在沉淀反应中,沉淀的形成过程是由构晶离子经过核作用产生晶核,再生长为沉淀微粒,沉淀微粒经聚集生成无定型沉淀,或经定向排列生成晶型沉淀。

无定型沉淀颗粒小,排列杂乱无序,结构疏松,体积庞大,不易沉降。

晶型沉淀颗粒大,排列整齐,结构紧密,体积较小,易于沉降。

一般,沉淀的溶解度越大就越易生成晶型沉淀;沉淀的溶解度越小,形成的颗粒也越小而更易于生成无定型沉淀。

3. 沉淀的条件

在合理的稀溶液中进行沉淀。溶液的相对饱和度低就容易获得易滤、易洗的大颗粒晶型沉淀,减少共沉淀现象,但也并不是溶液越稀越好,溶液太稀,沉淀溶解所引起的损失将超过允许的分析误差。

在缓慢滴加沉淀剂并在不断搅拌的条件下进行沉淀,以减少局部过浓现象,避免生成大量晶核而产生颗粒较小、纯度又低的沉淀。

在热溶液中进行沉淀,能增加沉淀的溶解度而降低溶液中局部过饱和现象,易于获得大颗粒的晶型沉淀。

沉淀析出后与母液共同静置充分陈化,使小晶粒逐渐溶解,大晶粒逐渐长大,不完整的晶粒逐渐转化为较完整的晶粒,亚稳态沉淀逐渐转化为稳态沉淀。

控制溶液的 pH 值,可使难溶的氢氧化物完全沉淀。

利用均匀沉淀法改变沉淀条件以获得所需的沉淀类型。

(二) 过滤

过滤如图 1-12 所示,其方法通常有常压过滤、减压过滤和热过滤。

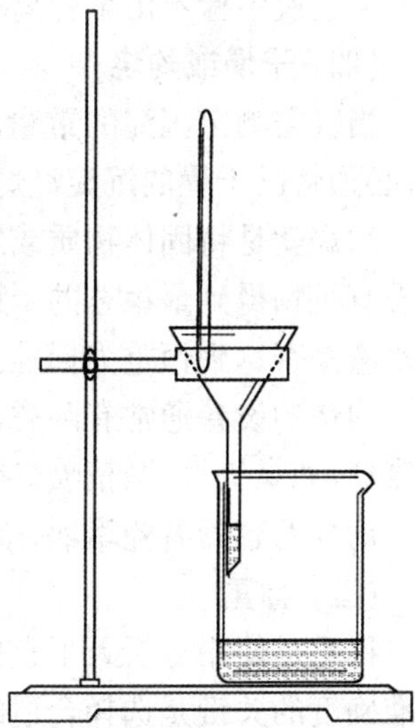

图 1-12　过滤

滤纸有定性滤纸和定量滤纸两种。无机定性实验中常用定性滤纸,定量分析实验中,如要求滤纸连同沉淀一起灼烧后再称质量,就用定量滤纸。

滤纸按空隙大小分为快速、中速和慢速。胶状沉淀宜选用快速滤纸过滤,粗晶型沉淀宜选用中速滤纸过滤,细晶型沉淀宜选用慢速滤纸过滤。

滤纸通常按四折法折叠,即先将滤纸整齐地对折,然后再对折。记住第二次不要折死,将锥体打开,放入漏斗,如上边缘不密合可改变折叠的角度,使滤纸与漏斗密合,此时再折死。打开三层的一面对准漏斗出口短的一面,食指按紧三层的一面,用洗瓶吹入少量蒸馏水以润湿滤纸,轻轻按滤纸,使滤纸锥体上部与漏斗间无气泡,滤纸锥体下部与漏斗内壁形成缝隙。然后加水至滤纸边缘，此时漏斗颈应全部充满水并形成水柱。

分离沉淀应先用倾析法转移大量溶液。“倾析法”是待沉淀溶液静置沉降后将上层清液倾入另一容器中使沉淀与溶液分离的过程，其目的是少留溶液以便在容器内进行沉淀的初步洗涤。最后将少量溶液与沉淀集中倾于滤纸的中心部位。

过滤时应注意：① 液面应低于滤纸边缘 1 cm 左右；② 过滤完毕容器壁上附着的少量沉淀应用洗涤液并用小片滤纸或淀帚轻轻洗擦，直至确认全部洗净为止；③ 较稳定的沉淀可提高溶液温度以增加滤速；④ 在保证不穿滤的情况下，可用减压抽滤以提高滤速，但绝不允许翻动滤纸或用玻璃棒搅拌以提高滤速；⑤ 过滤时滤纸与漏斗壁间勿存有气泡，而且漏斗下支管管口紧贴在滤液容器壁上，这样既可提高滤速，又可防止滤液迸溅造成的损失。

(三) 沉淀洗涤

为除去沉淀表面上吸附的杂质，需对沉淀进行洗涤，根据沉淀反应的条件和沉淀的性质选择洗涤剂的原则如下：

1. 用冷的沉淀剂的稀溶液洗涤晶型沉淀，以减少其溶解度。

2. 用有机溶剂洗涤易水解的沉淀。

3. 用含有少量电解质的水溶液(如铵盐)加热后洗涤胶状沉淀，可防止胶溶。

4. 通常先在原沉淀容器中洗涤沉淀 3～5 次，每次都用倾析法过滤，尽可能滗净溶液，勿使倾出的沉淀弥散在滤纸上。在容器中最后一次洗涤沉淀时，应将溶液搅浑连同沉淀一起向滤纸上作定量转移。

5. 在滤纸上洗涤沉淀时，应从滤纸边沿稍下部位置开始，按螺旋形向下移动，使沉淀集中在滤纸锥体下部。按少量多次的原则待前一次液体流尽，再做下一次洗涤。

6. 洗涤效果按沉淀条件进行检验。如洗至流出液无色，洗至流出液不呈酸性或碱性，或洗至流出液中检不出某种离子。

(四) 干燥或灼烧

当仅需测定沉淀的重量时，烘干后称量至恒重即可。如需进一步分析沉淀的各组分含量，必须将已干燥的沉淀经灼烧、溶解使成溶液，再定容后分析。

灼烧就是将固体物质或经过滤、洗涤后的沉淀进行高温加热使之脱水、除掉挥发性杂质、烧去有机物得到最稳态的干燥物质。灼烧的成效取决于灼烧温度和灼烧方法，通常以灼烧后的残渣是否达到恒重为标准。空容器与物质的灼烧条件应严格一致。

灼烧的设备通常有两类，一类是高温炉，如马沸炉、管式炉和高频感应加热炉，另一类是加热灯，如煤气灯、酒精喷灯等。

灼烧的容器有瓷坩埚、金属坩埚和铂坩埚等。

(五) 称重

称重是使用分析天平直接准确计量物质质量的操作。在确定天平精度的条件下，提高分析准确度的关键是选择合适的称样量和使用正确的称量方法。

1. 称样量的选择

选择合适的称样量是保证重量分析准确性的重要条件之一。例如，一般万分之一分析天平的称量误差为 ±0.2 mg，为使称量的相对误差小于 0.1%，则合适的称样量为：

$$称量相对误差=\frac{称量绝对误差}{称样量}\times 100\%$$

$$称样量=\frac{称量绝对误差}{称量相对误差}=\frac{0.0002}{0.1\%}=0.2\ (g)$$

所以，要保证分析结果误差在0.1%范围内，称样量就不得少于0.2 g。同理，要准确称量最后得到的沉淀质量也应符合这个条件。

2. 称量方法的选择

在常规分析中，通常采用常规称量法、固定量称量法和减量称量法。

常规称量法就是按天平操作规程先称空容器质量，加样品于该容器中再称重，前后两次称重之差即为样品的准确量。

固定量称量法用于准确称取指定质量的样品。即先称空容器质量，再将样品慢慢加入容器中至所需量。

减量称量法多用于称量易吸水、易氧化或能与二氧化碳发生反应的物质，并可连续称取样品。先称装有样品的容器质量，再称从容器中倾出一定量样品后的质量，前后两次称重之差即为样品的准确量。

3. 称量误差

称量误差包括被称物性状变化、环境因素变动、天平和砝码的影响、空气浮力的影响和操作误差等。其中被称物性状变化包括被称物表面吸附水分引起的称量误差、被称物性质引起的称量误差和被称物温度未彻底平衡等。

四、物质的提纯与制备

（一）蒸发与浓缩

在物质的提纯与制备实验中，蒸发与浓缩一般在水浴锅上进行。如溶液很稀，而且物质对热的稳定性又比较好，可直接先放在电炉上用小火加热蒸发，记住要在电炉上放石棉网。控制加热温度，以防溶液暴沸、迸溅而造成损失，然后再放在水浴锅上加热蒸发。水分不断蒸发，溶液逐渐浓缩，当蒸发浓缩到一定程度后冷却，即可析出晶体。蒸发浓缩的程度与溶质溶解度的大小、有无结晶水和对晶粒大小的要求有关。通常溶质的溶解度越大，晶体又不含结晶水，对晶粒的要求越小，则蒸发浓缩的时间就长一些，蒸得就干一些。反之就短些、稀些。在定量分析实验中也常常通过蒸发浓缩来减少溶液的体积，同时又保持不挥发成分的损失。常用的蒸发容器是蒸发皿，蒸发皿内所盛放溶液的体积不得超过其容积的2/3。

（二）结晶与重结晶

结晶就是晶体从溶液中析出的过程。它是物质提纯与制备的重要方法之一。结晶时要求溶质的浓度达到饱和，要使溶质的浓度达到饱和，一般有两种方法。一种是蒸发法，即通过蒸发浓缩使蒸汽逸出，减少一部分溶剂使溶液达到饱和而析出晶体，该法主要用于溶解度随温度变化不大的物质。另一种是冷却法，即通过降低温度使溶液冷却达到饱和而析出晶体，该法主要用于溶解度随温度下降而明显减小的物质。有些物质的提纯与制备需将两种方法结合使用。

晶体颗粒的大小与结晶条件有关，所以在实验操作中应根据需要控制结晶条件，以便得到大小合适的晶体颗粒。如溶质溶解度小，或溶液浓度高，或溶剂蒸发速度快，或溶液冷却快，即析出细小的晶体颗粒。反之，即可析出较大的晶体颗粒。

重结晶就是第一次得到的晶体纯度不符合要求，然后再将其溶于溶剂中，再进行蒸发浓缩（或冷却）、析出晶体的反复操作过程。它也是物质提纯与制备的重要方法之一。有些物质的提纯与制备需经过几次重结晶才能完成。它适用于溶解度随温度变化而有显著变化的物质。

第二章　基本化学原理及常数的测定

实验一　摩尔气体常数 R 的测定

一、实验目的

1. 学会一种测定摩尔气体常数 R 的方法和操作。
2. 巩固理想气体状态方程式和气体分压定律。

二、实验原理

一定量金属镁条和过量的稀硫酸反应，产生一定量的氢气，在一定的温度和压力下，可以测出反应所产出的氢气体积，根据理想气体状态方程式 $pV = nRT$，即可算出摩尔气体常数 R（假设在实验条件下，氢气服从理想气体的行为）：

$$R = \frac{p_{H_2} \cdot V_{H_2}}{n_{H_2} \cdot T}$$

式中：

p_{H_2}：氢气的分压，根据分压定律，$p_{H_2} = p - p_{H_2O}$，其中 p 表示实验时的大气压；

p_{H_2O}：实验温度下水的饱和蒸气压；

V_{H_2}：氢气的体积，即量气管内混合气体体积的变化值，也就是反应后与反应前量气管水面的刻度差；

n_{H_2}：氢气的摩尔数，可根据所称得的镁条质量计算，$n_{H_2} = \frac{W_{Mg}}{M_{Mg}}$（$M_{Mg} = 24.31$ g/mol）；

T：实验时的绝对温度，$T = t + 273.15$。即实验时的摄氏温度（气温）加上 273.15。

因为氢气是在水面上收集的，在封闭的管子里，除了氢气外，还混有水蒸气，所以氢气的分压等于实验时的大气压减去实验温度下水的饱和蒸气压，不同温度下水的饱和蒸气压见表 2-1。

这样即可得到摩尔气体常数 R 的实验值。$R_{理论} = 8.314$ J/(mol·K)，通过与理论值比较，可算出实验的相对误差。

$$相对误差 = \frac{R_{实验} - R_{理论}}{R_{理论}}$$

表 2-1 不同温度下水的饱和蒸气压

室温 t (℃)	p_{H_2O} (Pa)	室温 t (℃)	p_{H_2O} (Pa)	室温 t (℃)	p_{H_2O} (Pa)	室温 t (℃)	p_{H_2O} (Pa)	室温 t (℃)	p_{H_2O} (Pa)
5	872	11	1312	17	1937	23	2809	29	4005
6	935	12	1403	18	2064	24	2984	30	4242
7	1001	13	1497	19	2197	25	3168	31	4492
8	1073	14	1599	20	2339	26	3361	32	4754
9	1148	15	1705	21	2487	27	3565	33	5030
10	1228	16	1817	22	2645	28	3780	34	5320

三、仪器、药品及材料

仪器：铁架台、量气管、水平管、小试管、玻璃棒。

药品：2 mol/L H_2SO_4、镁条。

材料：硅胶管、砂纸、橡皮塞。

四、实验步骤

1. 精确称取一根质量在 0.0200～0.0300 g 范围内的镁条。

2. 如图 2-1 所示装好仪器。

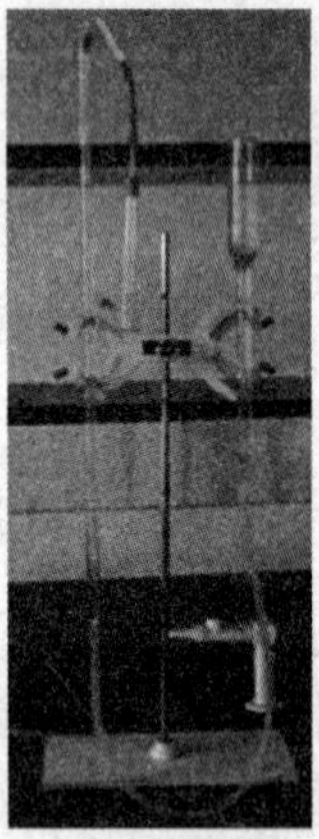

图 2-1 摩尔气体常数测定的装置图

3. 向水平管内加入自来水，使量气管的水面刻度等于或略低于“0”位置。（为什么量气管水面的刻度不一定在“0”位置？）

4. 气密性检查。装上小试管，将水平管上移（或下移）一段距离，量气管的液面会略有上升（或下降），如果不漏气，2～3 min 达到平衡后，量气管上升（或下降）后的液面始终会低于（或高于）水平管的液面，而且液面高度不再变化。如果漏气，量气管的液面会逐渐上升，水平管的液面会逐渐下降，最后两边的液面会趋于同一高度，这时要仔细检查漏气原因（经常是橡皮塞没有塞紧，可将橡皮塞沾点水增加气密性），继续按照上面的方法检查直到不漏气为止。

5. 取下小试管，加入 5 mL 2mol/L H_2SO_4，将试管旋转 180 度，将镁条沾少量水后贴在试管另一边，用玻璃棒将镁条推入试管中部，小心地装上小试管，并塞紧橡皮塞，再次检查是否漏气。如果不漏气，将水平管放到原来的位置，使水平管和量气管的水面处于同一高度，这时准确地记下量气管内水的弯月面最低点的读数 V_1。（为什么要使两管处于同一液面高度读取读数？）

6. 提高试管底部，使镁条滑入硫酸中反应，反应所产生的氢气进入量气管，把量气管中的水压入水平管，为了避免量气管内压力过大，在量气管液面下降的同时，水平管也相应地下

移，使两管的液面大体上保持同一高度。反应停止后，待试管冷却至室温，移动水平管，使两管的液面处于同一水平位置后，再准确地记下量气管内水的弯月面最低点的读数 V_2。V_2-V_1 就是该反应所产生的氢气体积。实验数据记录在表 2-2 中。

表 2-2　摩尔气体常数 R 测定的原始实验数据

精确称取一根镁条的质量 W_{Mg}(g)	
氢气物质的量 n_{H_2}(mol)	
反应前量气管内液面读数 V_1(mL)	
反应后量气管内液面读数 V_2(mL)	
产生的氢气体积 V_{H_2}(mL)	
室温(℃)	
T(K)	
实验时的大气压力(Pa)	
室温下水的饱和蒸气压 p_{H_2O}(Pa)	
氢气的分压 p_{H_2}(Pa)	
摩尔气体常数 R($J \cdot mol^{-1} \cdot K^{-1}$)	
相对误差	

五、思考题

1. 计算摩尔气体常数 R 实验值时需要测定哪些数据？

2. 镁条与稀硫酸反应后，为什么要等小试管冷却到室温时再读取量气管液面读数？

3. 如果实验装置漏气、或镁条装入小试管时碰到硫酸、或量气管和硅胶管内的气泡没有赶净，分别对实验结果有何影响？请一一说明。

六、注意事项

1. 向水平管里加水后，应检查量气管、水平管以及硅胶管连接处是否有气泡，如果有气泡，必须将气泡赶净，否则测定结果 R 会偏高。

2. 这套简易的实验装置在测定过程中不能漏气，否则测定结果 R 会偏低。

3. 读量气管水面读数时，应将量气管和水平管处于同一液面高度，否则要进行换算。

4. 反应结束后，必须等小试管冷却到室温再读取量气管水面读数，否则测定结果 R 会偏高。

5. 镁条贴入试管时不能碰到硫酸，否则测定结果 R 会偏低。

附录　TG328B 半自动电光分析天平的使用方法

1. 原理

杠杆原理：动力×动力臂=阻力×阻力臂。对等臂天平而言，物体的质量=砝码的质量。也就是天平平衡时，由已知质量的砝码来确定（衡量）被称物体的质量。TG328B 半自动电光分析天平的最大称量载荷为 200 g，可精确到 0.1 mg。

2. 主要构件

（1）天平梁

通常称为横梁，梁上有 3 个三棱形的玛瑙刀，刀与刀之间的距离为 7 cm，中间的刀口向下，用来支撑天平梁，称为支点刀。左右两边刀口向上，用来悬挂称盘，称为承重刀。玛瑙刀口的尖锐程度决定天平的灵敏度，直接影响称量的精确程度，所以使用天平时最重要的是注意保护天平的刀口。梁的两端装有两个平衡螺丝（调零点）、指针和重心球（调节天平灵敏度）。

（2）空气阻尼装置

也称速停装置，由内外相互罩合而不接触的阻尼内筒和阻尼外筒构成，它利用筒内空气的阻力产生的阻尼作用，阻止天平的摆动使其迅速地达到平衡。

（3）称盘和砝码

天平有两个称盘，左盘放被称物体，右盘放砝码。砝码盒内装有 1～100 g 砝码，其中有两个 20 g 的砝码（其质量有微小的差别），一个带“*”号，一个不带“*”号，称量时尽量取不带“*”号的那个砝码。10～990 mg，通过旋转指数盘自动增减圈形砝码，指数盘外圈 0.*x* g 即小数点后第一位；指数盘内圈 0.0*x* g 即小数点后第二位。10 mg 以下由投影屏读出，即小数点后第三位和第四位。

（4）升降旋钮

是控制天平工作状态和休止状态的旋钮，也称天平的开关，使用时左手掌心向上，向右轻轻转动升降旋钮，天平处于工作状态；向左轻轻转动升降旋钮，天平处于休止状态。

（5）光学投影屏

用来读取 10 mg 以下的读数（即小数点后第三和第四位的读数），记住投影屏的光带总是向着重的方向移动。

（6）微动调节杆

也称为拨杆，当天平零点（即空载平衡点）偏离零位时，可用拨杆微调到零位，在称量过程中不能再移动拨杆。

3. 使用方法

（1）调水平。检查天平是否水平，可观察天平立柱后的水准仪是否在水平位置。天平水平时，可观察到天平箱内水准仪的小圆珠在中间，哪边重，小圆珠就往那边偏。应在教师指导下通过调节垫脚螺丝，使天平成水平位置。

（2）检查天平横梁、称盘、吊耳的位置是否正常，转动升降枢纽，使梁轻轻落下，观察指针摆动是否正常，秤盘上若有灰尘，应用软毛刷轻轻拂净。

(3) 检查砝码盒中砝码是否齐全,有无缺少,8 个圈码钩上位置是否合适,有无脱落。

(4) 调节天平零点。天平的零点即空载天平处于平衡状态时指针的位置。光学读数天平零点的测定:接通电源,轻轻地向右转动升降旋钮,慢慢地打开(启动)天平,天平在不载重的情况下,检查投影屏上的标尺位置。若零点不与投影屏上的标线重合,小范围可通过拨杆调节,挪动投影屏的位置,使其重合。若相差较大时通过天平梁上的平衡螺丝调节,以调节空载盘的位置。

(5) 天平灵敏度的测定:天平的灵敏度(感量)是指在天平一个盘上多增加一个额外重量(一般是增加 1 mg)时天平梁的倾斜度。通常以指针偏移的格数来衡量。指针偏移的格数越多,则天平的灵敏度越高。天平的灵敏度很大程度上取决于天平梁上三个接触点的摩擦情况。三个玛瑙刀口的棱边越锋利,玛瑙平板越光滑,即它们之间摩擦力越小,天平的灵敏度就越高。所以,长期使用的天平灵敏度就会逐渐下降。此外,天平的负重不同,也会影响到它的灵敏度。通常灵敏度是随负重的增加而降低。一般灵敏度过低,会降低称量的准确度。若天平的灵敏度过高,又会使天平变得不稳定,增加摆动周期。

$$\text{灵敏度} = \frac{\text{指针偏移的格数}}{1\ \text{mg}}$$

若调节天平的零点与投影屏上的标线重合,在天平盘上放一个校准过的 10 mg 砝码,再启动天平测定平衡点,标尺应移动 98～102 个小格,即在 9.8～10.2 mg 范围内,此时天平灵敏度符合要求。否则,应调节灵敏度。

(6) 物体的称量:打开天平的侧门,将已在台称天平上粗略称量过的物体放在左盘的中央,相当重量的砝码放在右盘的中央,关好两侧门。左手掌心向上慢慢地向右转动升降旋钮(注意刚开始称量时,升降旋钮不要开到底),观察投影屏上指针偏移情况,并根据指针偏移情况增减砝码,1 g 以上取砝码盒内的砝码,1 g 以下通过旋转指数盘自动加取,直到投影光屏上的刻线与标尺投影上某一读数重合并静止在 10 mg 内的读数为止(整个操作左手不离升降旋钮,右手不离操纵砝码)。加砝码的原则:由大到小加砝码,中间截取加圈码。

① 直接称量法

用一条干净的纸条拿取被称物放入天平的称量盘,然后去掉纸条,在砝码盘上加砝码,用砝码直接与被称物平衡。此时,砝码所标示的质量就等于被称物的质量。如烧杯、表面皿、坩埚等一般都采用直接称量法。

② 增量法

将盛物容器放于天平的称量盘,在砝码盘上加适当的砝码使之平衡,得到盛物容器重 W_0,然后在砝码盘上添加与所称试样同重的砝码,用牛角勺取试样加于盛物容器中,直至天平达到平衡。此时,砝码总重 W,则称取的样品质量为 $W - W_0$。此法一般用来称量规定质量的试样。

③ 减量法

将适量试样装入称量瓶中,用纸条缠住称量瓶放于天平托盘上,称得称量瓶及试样质量为 W_1,然后用纸条缠住称量瓶,从天平盘上取出,举放于容器上方,瓶口向下稍倾,用纸捏住称量瓶盖,轻敲瓶口上部,使试样慢慢落入容器中,当倾出的试样接近所需要的质量时,慢慢地将称量瓶竖起,再用称量瓶盖轻敲瓶口下部,使瓶口的试样集中到一起,盖好瓶盖,放回到天平盘上称量，得 W_2，两次称量之差就是试样的质量。如此继续进行，可称取多份试样。

$$第一份:试样重 = W_1 - W_2(g)$$

$$第二份:试样重 = W_2 - W_3(g)$$

$$第三份:试样重 = W_3 - W_4(g)$$

此法一般用来连续称取几个试样，其量允许在一定范围内波动，也用于称取易吸湿、易氧化或易与二氧化碳反应的试样。

(7) 完整、准确地将所称物体质量的数据记在记录本上。

(8) 休止天平，取出物体和砝码，将指数盘还原。

(9) 再次调节零点，在 2 小格以内，该称量精度在范围内，如在 5 格以上，须重新称量。

(10) 关掉电源，罩上天平罩。最后登记天平使用的情况记录。

4. 注意事项

(1) 天平在使用之前，先用软毛刷清扫天平。检查天平是否处于正常状态，天平是否水平，检查和调节天平的零点。

(2) 开动或关闭天平要缓慢平稳，以免损坏玛瑙刀口。

(3) 待称物不能直接放在天平盘上，而应放在干净的称量容器如表面皿、称量瓶、称量纸内。吸湿性强、易挥发和具有腐蚀性的样品必须装在密闭容器中称量。

(4) 称量时左手手心向上不离开升降旋钮，右手加减砝码或旋转指数盘自动加减圈形砝码。

(5) 读数时关好天平门，门开着或关不严，因空气对流，读数不精确。

(6) 加减砝码或取放称量物时，一定要关掉天平，目的是保护刀口，因这时天平梁和盘托被托起，刀口与平板脱离，光源切断。

(7) 天平的前门不能随意打开，整个称量过程中，取放物体或加减砝码，只能打开天平左右侧门，当两边重量接近时，必须在天平门完全关闭后，才能转动升降旋钮进行称量。

(8) 待称物的质量不得超过该天平的最大负荷。

(9) 加减砝码时，应轻轻转动砝码指数盘，防止砝码跳落、互相碰撞。

(10) 被称物的温度和天平室温度应一致，不允许称量过热或过冷物品。

实验二　固体氯化铵标准摩尔生成焓的测定

一、实验目的

1. 学会用量热计测定固体氯化铵标准摩尔生成焓的简单方法。
2. 加深对 Hess 定律的理解。
3. 掌握作图外推法求真实温差的原理和方法。
4. 熟悉化学实验室常用仪器的基本操作。

二、实验原理

盐类的溶解通常包含两个同时进行的过程：一是晶格的破坏，为吸热过程；二是离子的溶剂化，即离子的水合作用，为放热过程。溶解焓则是这两个过程热效应的总和，因此，盐类的溶解过程最终是吸热还是放热，是由这两个热效应的相对大小所决定的。在恒压下发生化学反应时，体系吸收或放出的热量为反应热（也称为反应的热效应），用 ΔH 表示。规定体系吸收热量，ΔH 为正值；体系放出热量，ΔH 为负值。

热力学标准状态下由稳定单质生成 1 mol 化合物时的反应焓变称为该化合物的标准摩尔生成焓。标准摩尔生成焓一般可通过测定有关反应热而间接求得。

本实验用保温杯式量热计，见图 2-2，分别测定氨水与盐酸反应的中和热和固体氯化铵的溶解热，再根据已知氨水和盐酸标准摩尔生成焓的数据，由 Hess 定律计算求得固体氯化铵的标准摩尔生成焓。

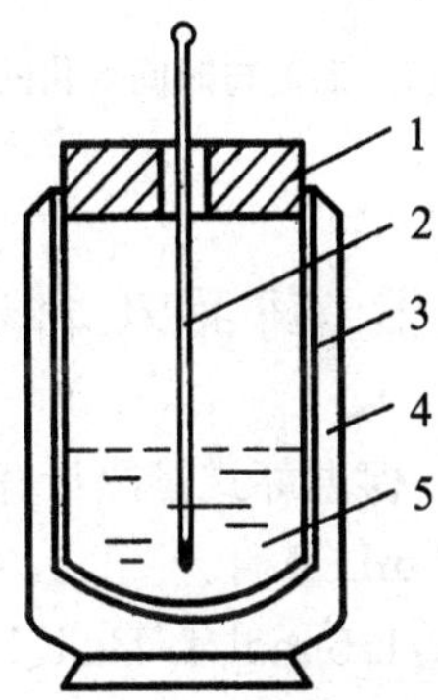

图 2-2　反应热测定装置示意图

1-保温杯盖；2-温度计；3-真空隔热层；4-保温杯外壳；5-NH_4Cl 溶液

$$NH_3(aq) + HCl(aq) \xlongequal{} NH_4Cl(s) \longrightarrow NH_4Cl(aq)$$

$$NH_3(aq) + HCl(aq) \xlongequal{} NH_4Cl(aq) \quad \Delta H_{中和}$$

$$NH_4Cl(s) \longrightarrow NH_4Cl(aq) \quad \Delta H_{溶解}$$

反应放出（或吸收）的热量一方面将引起量热计中溶液温度的升高（或降低），另一方面也使量热计的温度相应地提高（或降低），只要测出量热计系统温度的改变值 ΔT 和量热计系统的热容 C_p，即可计算出反应的热效应，对于放热反应：

$$\Delta H = -\frac{\Delta T \cdot C \cdot V \cdot d + \Delta T \cdot C_p}{n}$$

式中：

ΔH：反应热（或焓变），J/mol；

ΔT：反应终了温度与起始温度的差，K；

C：反应后溶液的比热容，J/(g·K)；

V：反应后溶液的体积，mL；

d：反应后溶液的密度，g/mL；

n：被测物质的量，mol；

C_p：量热计的热容，J/K。

"量热计的恒压热容"指量热系统在恒压下温度升高 1 ℃所需的热量。在测定反应热之前必须先确定所用量热计的热容值，测定的方法是：在量热计中加入 50 mL 温度为 T_1 的冷水，再加入相同量温度为 T_2 的热水，测混合后水的最高温度 T_3，已知水的比热容为 4.184 J/(g·K)，则：

$$热水失热 = (T_2 - T_3) \times 50 \times 1.00 \times 4.184\ (J)$$

$$冷水得热 = (T_3 - T_1) \times 50 \times 1.00 \times 4.184\ (J)$$

$$量热计得热 = (T_3 - T_1) \times C_p(\mathrm{J})$$

因为热水失热与冷水得热之差即为量热计得热，所以

$$C_p = \frac{[(T_2 - T_3) - (T_3 - T_1)] \times 50 \times 1.00 \times 4.184}{T_3 - T_1} (\mathrm{J/K})$$

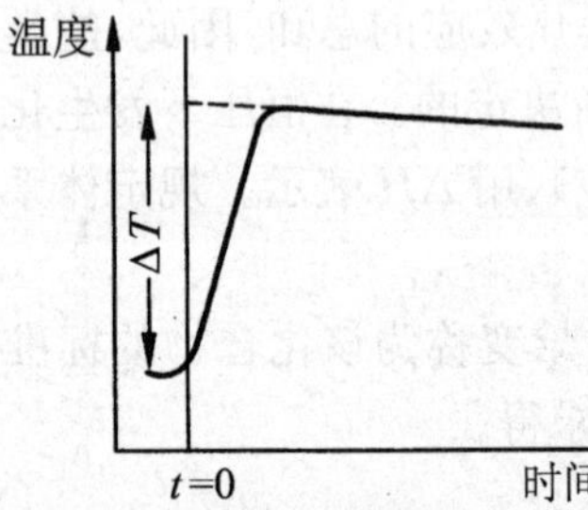

图 2-3 反应温度与时间变化的关系

实验的关键是求 ΔT。由于反应后的温度需要一段时间才能升到最高值(或降到最低值)，而实验所用简易量热计并不是严格的绝热系统，在这段时间里，量热计不可避免地会与周围环境发生少量热交换。为了校正这些因素所造成测定 ΔT 的偏差，需要用图解法确定体系温度变化的最大值 ΔT。即以测得的温度为纵坐标，时间为横坐标绘图，见图 2-3，按虚线外推到开始混合的时间($t = 0$)，求出体系温度变化的最大值 ΔT。这个外推得到的 ΔT 值能较客观地反映出反应热效应所引起的真实温度变化。

三、仪器、药品及材料

仪器：保温杯式量热计、温度计、秒表、台秤、药匙、洗瓶、恒温水浴锅、100 mL 烧杯、50 mL 量筒、100 mL 量筒。

药品：1.5 mol/L HCl、1.5 mol/L $NH_3 \cdot H_2O$、NH_4Cl(s)。

材料：称量纸。

四、实验步骤

1．量热计热容的测定

(1) 用量筒量取 50 mL 去离子水于量热计中，盖好后适当摇荡量热计约 2 min，待系统达到热平衡后，记录温度 t_1。

(2) 将恒温水浴锅中的去离子水加热到高于 t_1 30 ℃左右，并记录温度 t_2，然后用量筒从恒温水浴锅中量取 50 mL 去离子水并尽快倒入量热计中，盖好后不断地摇荡量热计，并立即计时和记录水温，每隔 15 s 记录一次温度，直到温度上升到最高点，再继续测定 3 min。作出温度 - 时间关系图，用外推法求最高温度 t_3，并计算量热计系统的热容 C_p。

2．氨水与盐酸反应中和热的测定

洗净量热计，用量筒量取 50 mL 1.5 mol/L $NH_3 \cdot H_2O$ 于量热计中，每隔 30 s 记录一次温度，适当摇荡量热计约 2 min，待系统达到热平衡后，取其温度的平均值记为 t_1，然后迅速加入 50 mL 1.5 mol/L HCl 于量热计中，盖好后不断地摇荡量热计，每隔 15 s 记录一次温度，直到温度上升到最高点，再继续测定 3 min。作出温度 - 时间关系图，用作图外推法求得反应的最高温度 t_2，得 ΔT，计算出氨水与盐酸反应的中和热 $\Delta H_{中和}$。

3．固体氯化铵溶解热的测定

洗净量热计，用量筒量取 100 mL 去离子水于量热计中，每隔 30 s 记录一次温度，适当摇

荡量热计约 2 min，待系统达到热平衡后，取其温度的平均值记为 t_1，然后迅速加入 4 g 固体氯化铵于量热计中，盖好后不断地摇荡量热计，促使固体氯化铵溶解，每隔 15 s 记录一次温度，直到温度下降到最低点，再继续测定 3 min。作出温度 - 时间关系图，用作图外推法求得反应降低的最低温度 t_2，得 ΔT，计算出固体氯化铵的溶解热 $\Delta H_{溶解}$。

五、思考题

1. 氨水与盐酸反应的中和热和固体氯化铵的溶解热之差，是哪一个反应的热效应？
2. 为什么放热反应的温度 - 时间关系图的后半段逐渐下降，而吸热反应则相反？
3. 计算实验的相对误差，分析产生误差的原因。

六、注意事项

1. 已知 $NH_3 \cdot H_2O(aq)$ 和 $HCl(aq)$ 的标准摩尔生成焓分别为 - 80.29 kJ/mol 和 - 167.159 kJ/mol。注意计算生成固体氯化铵时反应所放出的热量，一定要折算成单位摩尔所放出的热量，然后再根据 Hess 定律，计算固体氯化铵的标准摩尔生成焓。

2. 由于 $NH_4Cl(aq)$ 浓度很小，所以可做如下近似处理：反应前后溶液的体积不变；氨水与盐酸反应的中和热只能使量热计和水的温度升高；固体氯化铵的溶解热只能使量热计和水的温度降低。

3. 每做完一次实验都要将量热计清洗干净。

实验三　化学反应速率与活化能的测定

一、实验目的

1. 验证浓度、温度及催化剂对化学反应速率的影响。
2. 测定 $(NH_4)_2S_2O_8$ 与 KI 的反应速率、反应级数和速率系数。
3. 根据 Arrhenius 方程，掌握作图法求反应的活化能。
4. 培养综合应用基础知识的能力。

二、实验原理

水溶液中 $(NH_4)_2S_2O_8$ 和 KI 的氧化还原反应为：

$$S_2O_8^{2-}(aq) + 3I^-(aq) = 2SO_4^{2-}(aq) + I_3^-(aq) \quad (反应慢) \tag{1}$$

实验能测定的速率是在一段时间内反应的平均速率，该反应的平均反应速率为：

$$\bar{v} = -\frac{\Delta c(S_2O_8^{2-})}{\Delta t} = \kappa c_0^{\alpha}(S_2O_8^{2-}) \cdot c_0^{\beta}(I^-)$$

式中：

$\bar{v}$：反应的平均反应速率；

$\Delta c(S_2O_8^{2-})$：Δt 时间内 $S_2O_8^{2-}$ 的浓度变化；

$c_0(S_2O_8^{2-})$、$c_0(I^{-1})$：$S_2O_8^{2-}$、I^- 的起始浓度；

κ：反应的速率系数；

α、β：反应物 $S_2O_8^{2-}$、I^- 的反应级数，$\alpha+\beta$ 是该反应的总反应级数。

实验关键是怎样测出 Δt 时间内 $S_2O_8^{2-}$ 的浓度变化？为了测出 Δt 时间内 $S_2O_8^{2-}$ 的浓度变化，在 $(NH_4)_2S_2O_8$ 与 KI 混合前，先在 KI 溶液中加入已知浓度和一定体积的 $Na_2S_2O_3$ 和淀粉溶液，淀粉作为指示剂，指示 $Na_2S_2O_3$ 完全反应所需要的时间。这样 $(NH_4)_2S_2O_8$ 与 KI 反应所产生的 I_3^- 会立即与 $S_2O_3^{2-}$ 反应生成无色的 $S_4O_6^{2-}$ 和 I^-。

$$2S_2O_3^{2-}(aq)+I_3^-(aq) \xlongequal{\quad} S_4O_6^{2-}(aq)+3I^-(aq) \quad (\text{反应快}) \tag{2}$$

反应(2)几乎是瞬间完成，比反应(1)快得多。所以观察不到碘与淀粉反应呈现的特征蓝色。也就是说，在反应开始的一段时间内，溶液是无色的，一旦 $Na_2S_2O_3$ 完全反应，反应(2)不再进行，而反应(1)还在进行，那么 $(NH_4)_2S_2O_8$ 与 KI 反应所产生的 I_3^- 就立即与淀粉作用，使溶液呈现出特有的蓝色。

由反应(1)和(2)的关系可知：

$$\Delta c(S_2O_8^{2-})=\frac{1}{2}\Delta c(S_2O_3^{2-})$$

由于在 Δt 时间内 $S_2O_3^{2-}$ 已全部反应，所以 $\Delta c(S_2O_3^{2-})$ 实际上就是反应开始时 $Na_2S_2O_3$ 的浓度，即：$-\Delta c(S_2O_3^{2-})=c_0(S_2O_3^{2-})$。在该实验中，由于每份混合溶液中 $Na_2S_2O_3$ 的起始浓度都相同，因而 Δt 时间内 $S_2O_3^{2-}$ 的浓度变化也是相同的，这样，只要测出从开始反应到溶液变蓝所需要的时间 Δt，就可以算出该温度下这个反应的平均反应速率：

$$\bar{v}=-\frac{\Delta c(S_2O_8^{2-})}{\Delta t}=-\frac{\Delta c(S_2O_3^{2-})}{2\Delta t}=\frac{c_0(S_2O_3^{2-})}{2\Delta t}$$

怎样求 $(NH_4)_2S_2O_8$ 的反应级数 α 和 KI 的反应级数 β？按照初始速率法测定不同初始浓度下的反应速率，就可以得到该反应的反应级数 α 和 β。先固定 KI 的浓度，改变 $(NH_4)_2S_2O_8$ 的初始浓度，测定 $(NH_4)_2S_2O_8$ 不同初始浓度下的反应速率，即可得到 $(NH_4)_2S_2O_8$ 的反应级数 α。再固定 $(NH_4)_2S_2O_8$ 的浓度，改变 KI 的初始浓度，测定 KI 不同初始浓度下的反应速率，即可得到 KI 的反应级数 β，$(\alpha+\beta)$ 就是该反应的总反应级数。再由

$$\kappa=\frac{v}{c_0^{\alpha}(S_2O_8^{2-})\cdot c_0^{\beta}(I)} \tag{3}$$

即可求出各个实验的反应速率系数 κ。

活化能指化学反应中，使普通分子变成活化分子所需提供的最低限度的能量。在一定温度下，活化能越大，反应速度越慢；反之，活化能越小，反应速度越快。

根据 Arrhenius 方程：

$$\lg\kappa=A-\frac{E_a}{2.303RT} \tag{4}$$

式中：

E_a：反应的活化能，J/mol；

R：摩尔气体常数，8.314 J/(mol·K)；

T：热力学绝对温度，K；

A：$A=\lg\kappa_0$，κ_0 为 E_a 为 0 时的速率系数。

测定不同温度下的 κ 值，以 $\lg\kappa-\frac{1}{T}$作图，可得一条直线，直线的斜率为：$-\frac{E_a}{2.303R}$，即可求得反应的活化能 E_a。

Cu^{2+} 可以加快$(NH_4)_2S_2O_8$ 与 KI 的反应速率，Cu^{2+} 的加入量不同，加快的反应速率也不相同。

三、仪器、药品及材料

仪器：恒温水浴锅、磁力搅拌器、秒表、50 mL 烧杯、10 mL 量筒、5 mL 量筒、玻璃棒。

药品：0.2 mol/L $(NH_4)_2S_2O_8$、0.2 mol/L KI、0.05 mol/L $Na_2S_2O_3$、0.2 mol/L KNO_3、0.2 mol/L $(NH_4)_2SO_4$、0.2%淀粉溶液、0.02 mol/L $Cu(NO_3)_2$。

材料：坐标纸。

四、实验步骤

1. 浓度对反应速率的影响，求反应级数、速率系数

按表 2-3 所列各反应物试剂用量用量筒分别准确量取，混合在各编号的烧杯中，把烧杯放在磁力搅拌器上搅拌使溶液混合均匀，如图 2-4 所示。注意：$(NH_4)_2S_2O_8$ 最后加入，当加入$(NH_4)_2S_2O_8$ 溶液时，立即计时，等溶液变蓝时停止计时，记下反应时间 Δt 和室温。计算每个实验的反应速率 v。由实验 1、2、3 的数据，依据初始速率法求出 α。由实验 1、4、5 的数据，依据初始速率法求出 β，即可得到总反应级数$(\alpha+\beta)$。由公式(3)，求出各个实验的反应速率系数 κ，同时将计算结果填入表 2-3 中。

图 2-4　反应速率测定装置

表 2-3　浓度对反应速率的影响　　　　室温：______℃

实验编号		1	2	3	4	5
试剂用量 V(mL)	0.2 mol/L $(NH_4)_2S_2O_8$	10.0	5.0	2.5	10.0	10.0
	0.2 mol/L KI	10.0	10.0	10.0	5.0	2.5
	0.2 mol/L KNO_3	0	0	0	5.0	7.5
	0.2 mol/L $(NH_4)_2SO_4$	0	5.0	7.5	0	0
	0.05 mol/L $Na_2S_2O_3$	3.0	3.0	3.0	3.0	3.0
	0.2%淀粉溶液	1.0	1.0	1.0	1.0	1.0
混合液中反应物的初始浓度 c_0(mol/L)	$(NH_4)_2S_2O_8$					
	KI					
	$Na_2S_2O_3$					
反应时间 Δt(s)						
反应速率 v[mol/(L·s)]						
速率系数 κ[$(mol/L)^{1-\alpha-\beta}$/s]						
$\alpha=$		$\beta=$			$\alpha+\beta=$	

2. 温度对反应速率的影响，求反应的活化能 E_a（本实验误差不超过 10%）

按 1 号烧杯试剂的用量分别测定高于室温 10 ℃、20 ℃和 30 ℃三种情况下的反应速率 v 和速率系数 κ，实验结果填入表 2-4 中。

表 2-4　温度对反应速率的影响

实验编号	1	6	7	8
反应温度 t(℃)	室温	室温+10 ℃	室温+20 ℃	室温+30 ℃
$\frac{1}{T}$(K^{-1})				
反应时间 Δt(s)				
反应速率 v[mol/(L·s)]				
速率系数 κ[$(mol/L)^{1-\alpha-\beta}$/s]				
$\lg\kappa$				

根据表 2-4 中每次实验的 κ 和 T，以 $\lg\kappa-\frac{1}{T}$ 作图（图的坐标值不要从 0 开始），由直线的斜率，即可求得反应的活化能 E_a。

3. 催化剂对反应速率的影响

在室温下，按 1 号烧杯试剂的用量进行实验，在 $(NH_4)_2S_2O_8$ 溶液加入混合溶液之前，先在混合溶液中分别滴入 1 滴、2 滴和 3 滴 0.02 mol/L $Cu(NO_3)_2$ 溶液，其他操作同实验 1。分别测定各溶液的反应速率，实验结果记录在表 2-5 中。

表 2-5　催化剂对反应速率的影响

实验编号	1	9	10	11
加入催化剂的滴数	0	1	2	3
反应时间 Δt(s)				
反应速率 v[mol/(L·s)]				

由加入催化剂后的实验数据，你可得出何种结论？

五、思考题

1. 若不用 $S_2O_8^{2-}$ 而用 I^-（或 I_3^-）的浓度变化来表示该反应的速率，则 v 和 κ 是否一样？

2. 实验中为什么可以由反应溶液出现蓝色的时间长短来计算反应速率？反应溶液出现蓝色后，反应是否就终止了？

3. 本实验 $Na_2S_2O_3$ 的用量过多或者过少，对实验结果有何影响？

4. 实验 2～5 号反应液中为什么要加入 KNO_3 或 $(NH_4)_2SO_4$ 溶液？

5. 取 $(NH_4)_2S_2O_8$ 试剂的量筒没有专用，对实验结果有何影响？

6. $(NH_4)_2S_2O_8$ 缓慢加入 KI 混合溶液中，对实验结果有何影响？

六、注意事项

1. 本实验对试剂有一定的要求。KI 溶液应为无色透明的溶液，不能使用有碘析出的浅黄色溶液。$(NH_4)_2S_2O_8$ 溶液要新配制，因为时间长了 $(NH_4)_2S_2O_8$ 易分解，如所配制的 $(NH_4)_2S_2O_8$ 溶液其 pH 值小于 3，说明该试剂已分解，不适合本实验使用。所用试剂中如混有少量 Cu^{2+}、Fe^{2+} 等杂质，对反应有催化作用，需滴加几滴 0.1 mol/L EDTA 溶液。

2. 本实验成败的关键是所用溶液的浓度要准确，因此取用试剂的量筒千万不能混淆，以免污染试剂，从而改变了试剂的浓度。尤其是量取 $(NH_4)_2S_2O_8$ 的量筒必须专用，千万不能量取其他试剂。

3. 为了使每次实验中溶液的离子强度和总体积保持不变，在进行编号 2～5 的实验中所减少的 KI 或 $(NH_4)_2S_2O_8$ 的用量可分别用 0.2 mol/L KNO_3 和 0.2 mol/L $(NH_4)_2SO_4$ 溶液来补足。

4. 因本实验在 Δt 时间内反应物的浓度变化很小，所以近似地用平均反应速率代替初始反应速率 v_0。

5. 做温度对反应速率影响时，KI、$Na_2S_2O_3$ 和淀粉三种试剂的混合溶液以及 $(NH_4)_2S_2O_8$ 溶液要分别加热至所需的温度。温度计必须分开，不能搞混。反应时也要保持所需的反应温度。

6. 加试剂顺序：KI→$Na_2S_2O_3$→淀粉溶液→加 $(NH_4)_2S_2O_8$（计时）→蓝色（停止计时）。

实验四　醋酸标准溶液浓度标定及解离常数的测定

Ⅰ pH 法

一、实验目的

1. 加深对弱电解质解离平衡的理解。
2. 了解 pHS－3C 型酸度计的原理及其使用。
3. 掌握标定醋酸标准溶液浓度及用 pH 计测定醋酸解离度和解离平衡常数。

二、实验原理

HAc 是一元弱酸，在水溶液中存在下列解离平衡（忽略水的解离）：

$$HAc(aq) + H_2O(l) \rightleftharpoons H_3O^+(aq) + Ac^-(aq)$$

初始浓度 c_0　　0　　0

平衡浓度 $c_0-\chi$　　χ　　χ

$$K_a^{\ominus}(HAc) = \frac{[H^+][Ac^-]}{[HAc]} = \frac{\chi^2}{c_0-\chi}$$

在一定温度下，用 pH 计测定五种已知浓度的 HAc 溶液的 pH 值，根据 $pH=-\lg[H^+]$，求出$[H^+]$，即 χ，将 χ 代入上式，即可求得五个对应的 $K_a^{\ominus}(HAc)$，取其平均值，即为该温度下 HAc 的解离平衡常数。解离平衡常数是温度的函数，在一定的温度下，解离平衡常数值近似地为一常数，在 10 ℃～30 ℃范围内，$K_a^{\ominus}(HAc)=1.76\times10^{-5}$。本实验测定的 $K_a^{\ominus}(HAc)$ 在 $1.0\times10^{-5}\sim2.0\times10^{-5}$ 范围内为合格。温度一定时，浓度增大，解离度降低。

三、仪器、药品及材料

仪器：pHS－3C 型酸度计、pH 值复合电极、100 mL 的烧杯 5 只（分别编为 1、2、3、4、5 号）、酸式滴定管、碱式滴定管、玻璃棒、洗瓶、250 mL 锥形瓶、25 mL 移液管、洗耳球。

药品：0.1000 mol/L HAc 标准溶液（待标定）、0.1000 mol/L NaOH 标准溶液（实验室给出准确浓度）、甲基橙指示剂、pH＝4.00 和 pH＝6.86 的 pH 标准缓冲溶液。

材料：碎滤纸。

四、实验步骤

1. 0.1000 mol/L 醋酸标准溶液浓度的标定

同时准确地取三份已知准确浓度的 NaOH 标准溶液 25.00 mL 分别于 3 只 250 mL 锥形瓶中，加 2 滴甲基橙指示剂，用待标定的醋酸溶液滴定至溶液刚出现橙红色，轻轻摇荡后半分钟内不褪色即为滴定终点，根据下面的计算公式，即可计算出待标定的醋酸标准溶液的准确浓度。实验数据记录在表 2-6 中。

$$c_{NaOH} \cdot V_{NaOH} = c_{HAc} \cdot V_{HAc}$$

式中：

c_{NaOH}：NaOH 标准溶液的浓度，mol/L；

V_{NaOH}：取 NaOH 标准溶液的体积，25.00 mL；

V_{HAc}：标定时所消耗的 HAc 溶液的体积，mL。

表 2-6　标定醋酸标准溶液的原始实验数据

项目＼测定次数	1	2	3
c_{NaOH}(mol/L)			
移取 NaOH 标准溶液的体积(mL)	25.00	25.00	25.00
HAc 溶液初读数(mL)			
HAc 溶液终读数(mL)			
V_{HAc}(mL)			
c_{HAc}(mol/L)			
$\bar{c}_{HAc}$			
相对平均偏差			

2. 配制不同浓度的醋酸溶液

(1) 取 5 只洁净干燥小烧杯依次编成 1～5 号。

(2) 从酸式滴定管中分别向 1、2、3、4、5 号小烧杯中准确地放入 3.00 mL、6.00 mL、12.00 mL、24.00 mL、48.00 mL已知准确浓度的 HAc 标准溶液。

(3) 用碱式滴定管分别向上述烧杯中依次准确地放入 45.00 mL、42.00 mL、36.00 mL、24.00 mL、0.00 mL的蒸馏水，并用玻璃棒将烧杯中的溶液搅拌均匀。

3. 不同浓度醋酸溶液 pH 值的测定

用 pHS－3C 型酸度计分别依次测定 1～5 号烧杯中醋酸溶液的 pH 值，并如实地将实验数据填入表 2-7 中。pHS－3C 型酸度计如图 2-5 所示。

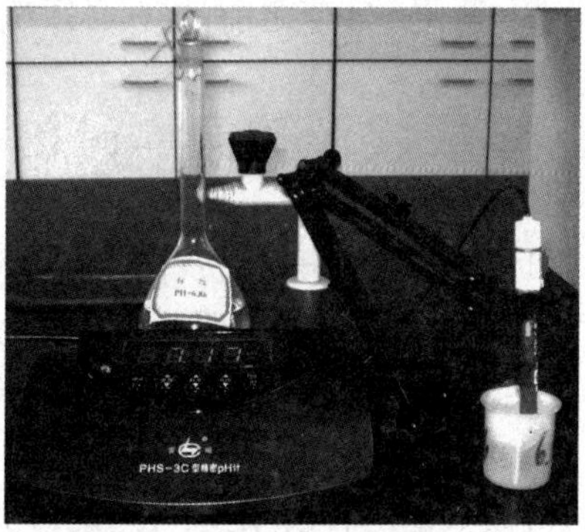

图 2-5　pHS－3C 型酸度计

由于实验误差，实验测得的 5 个 $K_a^\ominus$(HAc)可能不完全相同，取其平均值并计算其标准偏差 s。

表 2-7 实验结果 温度______℃，醋酸标准溶液的浓度______mol/L

烧杯编号	HAc(mL)	H_2O(mL)	[HAc]	pH 值	$[H^+]$	解离度 α	$K_a^\ominus$(HAc)
1	3.00	45.00					
2	6.00	42.00					
3	12.00	36.00					
4	24.00	24.00					
5	48.00	0.00					
$\overline{K}_a^\ominus$(HAc) =				标准偏差 s =			

五、思考题

1. 烧杯是否必须烘干？如果搅拌结束后玻璃棒上带出了部分溶液对测定结果有无影响？

2. 用 pHS－3C 型酸度计测定溶液的 pH 值时，各用什么标准溶液定位？

3. 测定不同浓度 HAc 溶液的 pH 值时，为什么要按由稀到浓的顺序？

4. 不同浓度的 HAc 溶液的解离度 α 是否相同，为什么？

5. 使用酸度计的主要步骤有哪些？

六、注意事项

1. pH 复合电极要轻拿轻放，避免损坏。每次测量前都要清洗干净并用滤纸吸干。实验结束后电极上塞上盛有饱和氯化钾的塑料帽。

2. 测定 pH 值之前，烧杯必须洗涤干净并干燥。

附录 pHS－3C 型酸度计的使用方法

1. 打开电源开关，按“pH/mV”键，使仪器进入 pH 值测量状态（pH 值指示灯亮）。

2. 按“温度”按钮，调至并显示为溶液温度值（此时温度指示灯亮），然后按“确认”键，仪器确定溶液温度后回到 pH 值测量状态。

3. 将用蒸馏水清洗过并吸干的 pH 值复合电极插入 pH = 6.86 的 pH 值标准缓冲溶液中，待读数稳定后按“定位”键（此时 pH 值指示灯慢闪烁，表明仪器在定位标定状态）调至该温度下标准溶液的 pH 值，然后按“确认”键，使仪器回至 pH 值测量状态（pH 值指示灯停止闪烁）。

4. 将用蒸馏水清洗过并吸干的 pH 值复合电极插入 pH = 4.00（或 pH = 9.18）的 pH 值标准缓冲溶液中，待读数稳定后按“斜率”键（此时 pH 值指示灯快闪烁，表明仪器在斜率标定状态）调至该温度下标准溶液的 pH 值，然后按“确认”键，使仪器回至 pH 值测量状态（pH 值指示灯停止闪烁），标定完成。

5. 用蒸馏水清洗电极并吸干后即可对被测溶液进行测量。

6. 如果被测溶液温度与标定溶液的温度不一致，用温度计测量出被测溶液的温度，然后按“温度”键，使仪器显示为被测溶液的温度值，然后再按“温度”键，即可对被测溶液进行测量。

7. pH 值计标定错误后的补救措施

(1) 如果在标定过程中操作失误或按键按错而使仪器测量不正常，可关闭电源，然后按住“确认”键再开启电源，使仪器恢复初始状态，然后重新标定。

(2) 标定后，“定位”键及“斜率”键不能再按，如果触动此键，此时仪器 pH 值指示灯闪烁，请不要按“确认”键，而是按“pH/mV”键，使仪器重新进入 pH 值测量即可，而无须再进行标定。

(3) 标定的缓冲溶液一般第一次用 pH = 6.86 的溶液，第二次用接近被测溶液 pH 值的缓冲溶液，如被测溶液为酸性时，缓冲溶液应选 pH = 4.00；如被测溶液为碱性时则选 pH = 9.18的缓冲溶液。

Ⅱ 缓冲溶液法

一、实验目的

1. 学会用 pH 计测定缓冲溶液 pH 值的方法来测定弱电解质 HAc 的解离平衡常数。
2. 学习溶液的配制以及移液管、容量瓶和 pH 计的正确使用。

二、实验原理

酸性缓冲溶液 pH 值的计算公式：

$$\mathrm{pH}=\mathrm{p}K_{\mathrm{a}}^{\ominus}(\mathrm{HAc})-\lg\frac{c(\mathrm{HAc})}{c(\mathrm{Ac^-})}=\mathrm{p}K_{\mathrm{a}}^{\ominus}(\mathrm{HAc})-\lg\frac{c_0(\mathrm{HAc})}{c_0(\mathrm{NaAc})}$$

在 HAc 和 NaAc 组成的缓冲溶液中，由于同离子效应，当解离达到平衡时，溶液中 $c(\mathrm{HAc})\approx c_0(\mathrm{HAc})$，$c(\mathrm{Ac^-})\approx c_0(\mathrm{NaAc})$，由于溶液是由等浓度的 HAc 和 NaAc 组成的缓冲溶液，所以 $\mathrm{pH}=\mathrm{p}K_{\mathrm{a}}^{\ominus}(\mathrm{HAc})$，用酸度计测定等浓度 HAc 和 NaAc 混合溶液的 pH 值，即可得到弱电解质 HAc 的解离平衡常数。

三、仪器、药品及材料

仪器：pHS－3C 型酸度计、pH 值复合电极、50 mL 烧杯 4 只、洗瓶、洗耳球、50 mL 容量瓶 3 个、10 mL 刻度吸管、25 mL 移液管、10 mL 量筒。

药品：0.10 mol/L HAc、0.10 mol/L NaOH、1%酚酞指示剂、标准缓冲溶液(pH = 4.00；pH = 6.86)。

材料：碎滤纸。

四、实验步骤

1. 配制不同浓度的 HAc 溶液

用 4 号烧杯盛 0.10 mol/L HAc 溶液，用 10 mL 刻度吸管从 4 号烧杯中分别吸取 5.00 mL、10.00 mL HAc 溶液于 1 号和 2 号容量瓶中，用 25 mL 移液管从 4 号烧杯中吸取 25.00 mL HAc 溶液于 3 号容量瓶中，分别用蒸馏水定容至刻度，上下混匀。

2. 配制等浓度 HAc 和 NaAc 混合溶液及 pH 值的测定(由稀到浓)

用 10 mL 量筒量取 1 号容量瓶中已知浓度的醋酸溶液 10 mL 于 1 号烧杯中，加 2 滴 1% 酚酞指示剂，用滴管滴入 0.10 mol/L NaOH 溶液至溶液变成淡粉红色且半分钟内不褪色。再用 10 mL 量筒量取 1 号容量瓶中已知浓度的醋酸溶液 10 mL 于 1 号烧杯中，用玻璃棒混合均匀，用 pH 计测定 1 号烧杯中等浓度 HAc 和 NaAc 混合溶液的 pH 值。再根据反对数即可求得 HAc 的解离平衡常数。实验数据记录在表 2-8 中。

按照上述步骤，用 2 号、3 号容量瓶中已知浓度的醋酸溶液和 0.10 mol/L 醋酸溶液，分别在 2 号、3 号和 4 号烧杯中配制等浓度 HAc 和 NaAc 混合溶液，并分别测定其 pH 值。

由于仪器自身的误差和配制溶液的误差，实验结果可能不完全相同，最后取其平均值作为实验结果，并计算相对误差和标准偏差 s。

$$相对误差 = \frac{K_{HAc实验} - K_{HAc理论}}{K_{HAc理论}}$$

$$s = \sqrt{\frac{1}{n-1}\sum_{i=1}^{n}(K_{HAc,i} - \overline{K}_{HAc})^2}$$

表 2-8 等浓度 HAc 和 NaAc 混合溶液 pH 值的测定

实验编号	吸取 0.10 mol/L HAc 溶液的 mL 数	[HAc]	pH 值	$K_a^\ominus$(HAc)
1	5.00			
2	10.00			
3	25.00			
4	50.00			
$\overline{K}_a^\ominus$(HAc) =	相对误差 =		标准偏差 s =	

五、思考题

1. 分析该实验产生误差的主要来源。
2. 实验所用的容量瓶是否要用 0.10 mol/L 醋酸溶液润洗？烧杯是否要润洗？

六、注意事项

1. 烧杯保持干燥，操作时溶液不能溅到外面。

2. 四个烧杯在同一仪器上测量其 pH 值。

Ⅲ 电导率法

一、实验目的

1. 掌握电导法测定一元弱酸的解离度和解离平衡常数。
2. 学会 DDS-307 型电导率仪的使用方法。
3. 熟悉溶液电导、电导率、摩尔电导率 Λ_m、极限摩尔电导率 Λ_∞ 等基本概念。

二、实验原理

根据 Arrhenius 解离理论，弱电解质与强电解质不同，弱电解质在溶液中仅部分解离，离子和未解离的分子之间存在着动态平衡。如在醋酸水溶液中，设 C 为醋酸的原始浓度，α 为解离度，其表达式为：

	$HAc(aq) \rightleftharpoons$	$H^+(aq)$ +	$Ac^-(aq)$
解离刚开始时浓度	c	0	0
解离平衡时浓度	$c-c\alpha$	$c\alpha$	$c\alpha$

$$K_a^\ominus(HAc)=\frac{(c\alpha)^2}{c-c\alpha}=\frac{c\alpha^2}{1-\alpha} \tag{1}$$

通过测定溶液的电导率得解离度，从而求得解离平衡常数。

导体导电能力的大小用电导 G(S)，即电阻 $R(\Omega)$的倒数来度量，其关系为：

$$G=\frac{1}{R}=\kappa\left(\frac{A}{l}\right) \tag{2}$$

式中：κ 为电导率或比电导，表示两极间的距离 l 相距为 1 m，两极的面积 A 为 1 m^2 时两个电极之间溶液的电导。单位是 S/m。

在两电极的溶液之间含有 1 mol 的电解质，两极相距为 1 m 时所具有的电导率为摩尔电导率，记为 Λ_m，摩尔电导率 Λ_m 与电导率 κ 之间的关系为：

$$\Lambda_m=\frac{\kappa}{c} \tag{3}$$

Λ_m 随浓度而变，其变化规律对强弱电解质是不同的。对弱电解质来说，当溶液无限稀释时，可看作完全解离，这时溶液的摩尔电导率为极限摩尔电导率，记为 Λ_∞。温度一定时，Λ_∞ 为一定值，某浓度时极限摩尔电导率 Λ_∞ 与解离度 α 之间的关系为：

$$\alpha=\frac{\Lambda_m}{\Lambda_\infty} \tag{4}$$

将(4)式代入(1)式得：

$$K_a^\ominus(HAc)=\frac{c\alpha^2}{1-\alpha}=\frac{c\Lambda_m^2}{\Lambda_\infty(\Lambda_\infty-\Lambda_m)} \tag{5}$$

因此测定不同浓度下醋酸溶液的电导率 κ，代入(3)式得 Λ_m，再将 Λ_m 代入(5)式即得到 $K_a^\ominus(HAc)$。

图 2-6 DDS－307 型电导率仪

三、仪器、药品及材料

仪器：DDS－307 型电导率仪、DJS－1 型电导电极、容量瓶、移液管、烧杯。

药品：0.5000 mol/L HAc 标准溶液（由实验室标定其准确浓度）、电导水（重蒸馏水）。

材料：碎滤纸。

四、实验步骤

按照 DDS－307 型电导率仪的使用方法测定 0.5000 mol/L HAc 标准溶液的电导率，并依次稀释四次，共计测得五个不同浓度的 HAc 标准溶液的电导率值（注意：由稀到浓的次序），并将数据记录在表 2-9 中。不同温度下无限稀释时醋酸溶液的极限摩尔电导率 Λ_∞ 见表 2-10。DDS－307 型电导率仪见图 2-6。

表 2-9 电导法实验结果

电极常数________；室温________℃；该温度下的极限摩尔电导率 Λ_∞________S·m²/mol

编号	1	2	3	4	5
c(HAc)(mol/L)					
κ(S/m)					
$\Lambda_m = \frac{\kappa}{c}$ (S·m²/mol)					
$\alpha = \frac{\Lambda_m}{\Lambda_\infty}$					
$K_\alpha^\ominus(\mathrm{HAc}) = \frac{c\alpha^2}{1-\alpha}$					

表 2-10 不同温度下无限稀释时醋酸溶液的极限摩尔电导率 Λ_∞

温度(℃)	0	18	25	30
Λ_∞(S·m²/mol)	0.0245	0.0349	0.03907	0.04218

五、思考题

1. 什么叫溶液的电导、电导率、摩尔电导率 Λ_m、极限摩尔电导率 Λ_∞？
2. 溶液的电导率、摩尔电导率与溶液浓度的关系怎样？
3. 为何要测电导池常数？如何测定？

六、注意事项

1. 若室温不同于表中所列温度，极限摩尔电导率 Λ_∞ 用内插法求得。
2. 电导率 κ 的单位是S/m，电导率仪上读出的电导率 κ 的单位是μS/cm，计算时注意换算。

附录 DDS－307型电导率仪的使用方法

1. 开机

(1) 电源线插入仪器电源插座，仪器必须有良好接地。

(2) 按电源开关，接通电源，预热30 min后，进行校准。

2. 校准

仪器使用前必须进行校准。将“选择”开关量程选择开关旋钮指向“检查”，“常数”补偿调节旋钮指向“1”刻度线，“温度”补偿调节旋钮指向“25”度线，调节“校准”调节旋钮，使仪器显示100.0 μS/cm，至此校准完毕。

3. 测量

(1) 在电导率测量过程中，正确选择电导电极常数，对获得较高的测量精度是非常重要的。可配用常数为0.01、0.1、1.0、10四种不同类型的电导电极。学生应根据测量范围参照表2-11选择相应常数的电导电极。

表 2-11 不同测量范围推荐使用电导常数的电极

测量范围(μS/cm)	推荐使用电导常数的电极
0～2	0.01,0.1
2～200	0.1,1.0
200～2000	1.0
2000～20000	1.0,10
20000～200000	10

注：对常数为1.0、10类型的电导电极有“光亮”和“铂黑”二种形式，镀铂电极习惯称作铂黑电极，对光亮电极其测量范围以0～300 μS/cm为宜。

(2) 电极常数的设置方法如下：

目前电导电极的电极常数为0.01、0.1、1.0、10四种不同类型，但每种类型电极具体的电极常数值，制造厂均粘贴在每支电导电极上，根据电极上所标的电极常数值调节仪器面板“常数”补偿调节旋钮到相应的位置。

① 将量程选择开关旋钮指向“检查”，“温度”补偿调节旋钮指向“25”度线，调节“校准”调节旋钮，使仪器显示100.0 μS/cm。

② 调节“常数”补偿调节旋钮使仪器显示值与电极上所标数值一致。

a. 电极常数为0.01025 cm^{-1}，则调节常数补偿调节旋钮，使仪器显示值为102.5。(测量值＝读数值×0.01)。

b. 电极常数为 0.1025 cm^{-1}，则调节常数补偿调节旋钮，使仪器显示值为 102.5。（测量值＝读数值×0.1）。

c. 电极常数为 1.025 cm^{-1}，则调节常数补偿调节旋钮，使仪器显示值为 102.5。（测量值＝读数值×1）。

d. 电极常数为 10.25 cm^{-1}，则调节常数补偿调节旋钮，使仪器显示值为 102.5。（测量值＝读数值×10）。

(3) 温度补偿的设置

① 调节仪器面板上"温度"补偿调节旋钮，使其指向待测溶液的实际温度值，此时，测量得到的将是待测溶液经过温度补偿后折算为 25 ℃下的电导率值。

② 如果将"温度"补偿调节旋钮指向"25"刻度线，那么测量的将是待测溶液在该温度下未经补偿的原始电导率值。

(4) 常数、温度补偿设置完毕，应将量程选择开关旋钮，按表 2-12 置合适位置。在测量过程中，如显示值熄灭时，说明测量值超出量程范围，此时，应切换量程选择开关旋钮至上一挡量程。

表 2-12 不同量程选择开关位置及被测电导率显示表

序号	选择开关位置	量程范围(μS/cm)	被测电导率(μS/cm)
1	Ⅰ	0～20.0	显示读数×C
2	Ⅱ	20.0～200.0	显示读数×C
3	Ⅲ	200.0～2000	显示读数×C
4	Ⅳ	2000～20000	显示读数×C

注：C 为电导电极常数值

例：当电极常数为 0.01 时，$C=0.01$；

当电极常数为 0.1 时，$C=0.1$；

当电极常数为 1.0 时，$C=1.0$；

当电极常数为 10 时，$C=10$。

4. 注意事项

(1) 在测量高纯水时应避免污染，最好采用密封、流动的测量方式。

(2) 因温度补偿系采用固定的 2% 的温度系数补偿的，故对高纯水测量尽量采用不补偿方式进行测量后查表。

(3) 为确保测量精度，电极使用前应用小于 0.5 μS/cm 的蒸馏水(或去离子水)冲洗二次，然后再用被测试样冲洗三次方可测量。

(4) 电极插头座绝对防止受潮，以造成不必要的测量误差。

(5) 电极应定期进行常数标定。

实验五　分光光度法测定碘化铅溶度积常数

一、实验目的

1. 掌握分光光度法测定溶度积常数的原理和方法。
2. 学会 721 型分光光度计的使用。

二、实验原理

碘化铅是难溶电解质，在它的饱和溶液中存在着沉淀-溶解平衡：

$$PbI_2(s) \rightleftharpoons Pb^{2+}(aq) + 2I^-(aq)$$

其溶度积常数：

$$K_{sp}^{\ominus}(PbI_2) = [c(Pb^{2+})][c(I^-)]^2$$

在一定温度下，只要测出 PbI_2 饱和溶液中 $c(I^-)$ 和 $c(Pb^{2+})$，就可以求得 $K_{sp}^{\ominus}(PbI_2)$。

实验采用分光光度法测定 PbI_2 的溶度积常数，原理是在酸性条件下用 $NaNO_2$ 将 I^- 氧化为 I_2，I_2 在水溶液中呈棕黄色。这样就可以用 721 型分光光度计测定其吸光度。以测得的吸光度 A 为纵坐标，以相应的 $c(I^-)$浓度为横坐标，绘制 $A-c(I^-)$标准曲线。由标准曲线可查出对应的 $c(I^-)$，这样即可得到饱和溶液中 $c(I^-)$。再根据 $Pb(NO_3)_2$ 溶液和 KI 溶液的初始浓度及沉淀反应中 Pb^{2+} 与 I^- 的化学计量关系，计算出饱和溶液中 $c(Pb^{2+})$。这样即可计算出 PbI_2 的溶度积常数。

$$2KI + 2NaNO_2 + 4HCl = I_2 + 2NO\uparrow + 2KCl + 2NaCl + 2H_2O$$

$$Pb(NO_3)_2 + 2KI = PbI_2\downarrow + 2KNO_3$$

三、仪器、药品及材料

仪器：721 型分光光度计、2 cm 比色皿、10 mL 比色管、比色管架、5 mL 刻度吸管 4 支(分别贴上 0.0035 mol/L KI、0.035 mol/L KI、水、0.015 mol/L $Pb(NO_3)_2$ 标签)、2 mL 刻度吸管 4 支(贴上 0.020 mol/L $NaNO_2$、1 号、2 号、3 号 PbI_2 饱和溶液标签)、小漏斗、洗瓶、洗耳球。

药品：6.0 mol/L HCl、0.015 mol/L $Pb(NO_3)_2$、0.035 mol/L KI、0.0035 mol/L KI、0.020 mol/L $NaNO_2$。

材料：滤纸、镜头纸。

四、实验步骤

1. 绘制 $A-c(I^-)$标准曲线

取 5 支干净、干燥的 10 mL 比色管，按表 2-13 用 5 mL 刻度吸管分别加入 1.00 mL、1.50 mL、2.00 mL、2.50 mL、3.00 mL 0.0035 mol/L KI 溶液，加去离子水使每个比色管中溶液的总体积为 4.00 mL，再分别加入 2.00 mL 0.020 mol/L $NaNO_2$ 溶液及 1 滴 6.0 mol/L HCl 溶液。摇匀后，分别倒入 2 cm 比色皿中。以水为参比溶液，在 525 nm 波长下分别测定各溶液的吸光度 A。以测得的吸光度 A 为纵坐标，以相应的 $c(I^-)$浓度为横坐标，绘制出 $A-c(I^-)$标准曲线。实验数据记录在表 2-13 中。

表 2-13 绘制 $A-c(I^-)$标准曲线的原始实验数据

比色管编号	$V(KI)$(mL)	$V(H_2O)$(mL)	$c(I^-)\times10^{-4}$	吸光度 A
1	1.00	3.00		
2	1.50	2.50		
3	2.00	2.00		
4	2.50	1.50		
5	3.00	1.00		

2. 制备 PbI_2 饱和溶液和吸光度 A 的测定

(1) 取 3 支干净、干燥的 10 mL 比色管，按表 2-14 用 5 mL 刻度吸管分别加入 0.015 mol/L $Pb(NO_3)_2$ 溶液、0.035 mol/L KI 溶液和去离子水，使每个比色管中溶液的总体积为 10.00 mL。

(2) 塞紧比色管塞，上下摇匀 2 min，静置 1 min 后过滤。

(3) 另取 3 支干净、干燥的 10 mL 比色管，接取上述制得的含有 PbI_2 固体的饱和溶液的滤液，弃去沉淀。

(4) 分别用 2 mL 的刻度吸管吸取上述 1 号、2 号、3 号 PbI_2 饱和溶液 2.00 mL 于另外 3 支干净、干燥的 10 mL 比色管中，再分别加入 2.00 mL 去离子水和 2.00 mL 0.020 mol/L $NaNO_2$ 溶液，最后再加入 1 滴 6.0 mol/L HCl 溶液。上下摇匀后，分别倒入 2 cm 比色皿中，以水做参比溶液，在 525 nm 波长下测定各溶液的吸光度 A。实验数据的记录、处理和计算均填在表 2-14 中。

表 2-14 PbI_2 饱和溶液的制备和吸光度 A 的测定

比色管编号	1	2	3
$V[Pb(NO_3)_2]$(mL)	5.00	5.00	5.00
$V(KI)$(mL)	3.00	4.00	5.00
$V(H_2O)$(mL)	2.00	1.00	0.00
$V_{总}$(mL)	10.00	10.00	10.00
稀释后溶液的吸光度 A			
由标准曲线查得 $c(I^-)$(mol/L)			
平衡时饱和溶液中 $c(I^-)$(mol/L)			

续表

比色管编号	1	2	3
初始 $c(Pb^{2+})$(mol/L)			
初始 $c(I^-)$(mol/L)			
变化中 $c(I^-)$(mol/L)			
变化中 $c(Pb^{2+})$(mol/L)			
平衡时饱和溶液中 $c(Pb^{2+})$(mol/L)			
$K_{sp}^{\ominus}(PbI_2)$			
$\overline{K}_{sp}^{\ominus}(PbI_2)=$	标准偏差 $s=$		

五、思考题

1. 如果使用湿的比色管配制标准曲线溶液和 PbI_2 饱和溶液，对实验结果分别产生什么影响？

2. 比色时间过长，对测定的吸光度有无影响？

3. 写出使用 721 型分光光度计的简单步骤。

六、注意事项

1. 制得的含有 PbI_2 固体的饱和溶液一定要干过滤。

2. 配制 $A-C(I^-)$ 标准曲线用 0.0035 mol/L KI 溶液；配制 PbI_2 饱和溶液用 0.035 mol/L KI 溶液。

3. 吸每种溶液都要用相应的刻度吸管，千万不能混淆。

附录　721 型分光光度计的使用方法

1. 原理：Lambert-Beer 定律

光是一种电磁波，具有一定的波长和频率。可见光的波长范围在 400～760 nm，紫外光为 200～400 nm，红外光为 760～500000 nm。可见光因波长不同呈现不同颜色，这些波长在一定范围内呈现不同颜色的光称单色光。太阳或钨丝等发出的白光是复合光，是各种单色光的混合光。利用棱镜可将白光分成按波长顺序排列的各种单色光，即红、橙、黄、绿、青、蓝、紫等，这就是光谱。有色物质溶液可选择性地吸收一部分可见光的能量而呈现不同颜色，而某些无色物质能特征性地选择紫外光或红外光的能量。物质吸收由光源发出的某些波长的光可形成吸收光谱，由于物质的分子结构不同，对光的吸收能力不同，因此每种物质都有特定的吸收光谱，而且在一定条件下其吸收程度与该物质的浓度成正比，分光光度法就是利用物质的这种吸收特征对不同物质进行定性或定量分析的方法。在比色分析中，当一束单色光照射溶液时，入射光强度愈强，溶液浓度愈大，液层厚度愈厚，溶液对光的吸收愈多，它们之间的关系，符合物质对光吸收的定量定律，即 Lambert-Beer 定律。这就是分光光度法用于物质定量分析的理论依据。

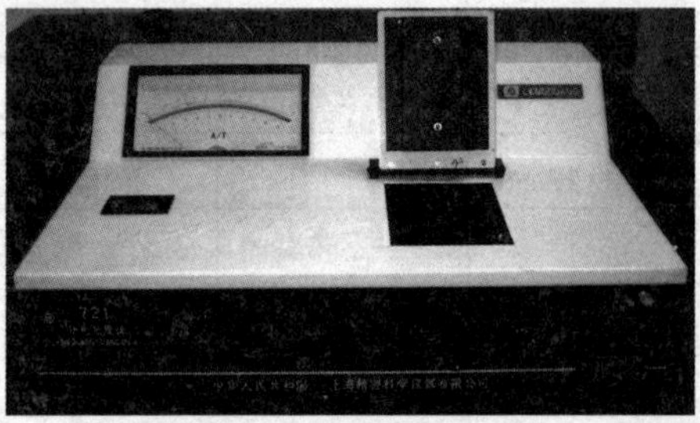

图 2-7　721 型分光光度计

721 型分光光度计如图 2-7 所示，它由光源、分光系统、测量系统和接收显示系统组成。光源灯由电子稳压装置供电；分光系统是仪器的核心，由狭缝、准直镜和棱镜组成；测量系统由推拉架、比色皿架和暗箱组成；接收显示系统由光电管接收，经电子线路放大，再由电表指示。

2. 使用方法

(1) 仪器应放在坚固平稳的工作台上，室内保持干燥，无强光射入。

(2) 仪器未接电源前，电表指针必须置于“0”刻度线，否则需要旋动电表上的校正螺丝进行调节。

(3) 接通电源，打开仪器开关，掀开样品室暗箱盖，预热 15 min。

(4) 根据所需波长旋转波长调节器旋钮。

(5) 选择适当的灵敏度挡。灵敏度有五挡，是逐渐增加的，“1”挡最低，其选择的原则是，使空白溶液能调到透光率 100%的情况下，尽可能采用低灵敏度挡，所以测定时，首先调到“1”挡上，灵敏度不够时再逐渐升高，但换挡后，必须重调“0”和“100%”。

(6) 将空白液及测定液分别倒入比色皿 3/4 处，用擦镜纸擦净外壁，放入样品室内，使空白管对准光路。

(7) 打开比色皿暗箱盖，光路自动切断，调节零点调节器，使读数盘指针指向 $T=0$ 处。

(8) 盖上暗箱盖，光路接通，调节“100%”调节器，使光 100%透过。

(9) 重复调节“0”和“100%”，待指针稳定后，轻轻拉动比色皿座架拉杆，使待测的有色溶液进入光路，此时表头指针所指示的即为该有色溶液的吸光度 A 值。

(10) 比色测量完毕，关闭开关，拔下电源插头，取出比色皿洗净，放回原处，样品室用软布擦净，盖好比色皿暗箱盖，罩好仪器。

3. 注意事项

(1) 比色皿一定要洗净，使用时不能拿透光面，放在比色皿架上，一定要放正，不能倾斜，使用完毕，及时洗净放回原处。

(2) 仪器使用半年左右或搬动后，要校正波长。

(3) 仪器在预热、间歇期间，要将比色皿暗箱盖打开，以防光电管受光时间过长而“疲劳”。

(4) 仪器连续使用时间不宜超过 2 h，最好是休息 0.5 h 后再使用。

实验六　银氨配离子配位数及稳定常数的测定

一、实验目的

1. 掌握配位平衡和沉淀－溶解平衡原理测定$[Ag(NH_3)_n]^+$的配位数 n 和稳定常数 $K_f^\ominus$(稳)的方法。

2. 熟练掌握滴定管的使用和滴定操作。

3. 练习作图法处理实验数据。

二、实验原理

在硝酸银溶液中加入过量氨水，即生成稳定的$[Ag(NH_3)_n]^+$。再往溶液中逐滴滴入溴化钾溶液，直到刚刚开始出现淡黄色的 AgBr 沉淀(混浊)为止。这时混合溶液中同时存在着如下的配位平衡和沉淀－溶解平衡。

$$Ag^+(aq) + nNH_3(aq) \rightleftharpoons [Ag(NH_3)_n]^+(aq) \tag{1}$$

$$K_f^\ominus(\text{稳}) = \frac{[Ag(NH_3)_n]^+}{[Ag^+]\cdot[NH_3]^n}$$

$$AgBr(s) \rightleftharpoons Ag^+(aq) + Br^-(aq) \tag{2}$$

$$K_{sp}^\ominus = [Ag^+]\cdot[Br^-]$$

配位平衡加沉淀－溶解平衡即(1)＋(2)得：

$$nNH_3(aq) + AgBr(s) \rightleftharpoons [Ag(NH_3)_n]^+(aq) + Br^-(aq)$$

$$K^\ominus = \frac{[Ag(NH_3)_n]^+\cdot[Br^-]}{[NH_3]^n} = K_f^\ominus(\text{稳})\cdot K_{sp}^\ominus \tag{3}$$

(3)式中$[Ag(NH_3)_n]^+$、$[Br^-]$和$[NH_3]$均为平衡浓度，可近似地按以下方法计算求得。

假设在氨水大大过量的条件下，系统中只生成单核配离子$[Ag(NH_3)_n]^+$和 AgBr 沉淀，没有其他副反应发生。每份混合溶液中最初取用的 $AgNO_3$ 溶液的体积 V_{Ag^+} 均相同，浓度为$[Ag^+]_0$；每份加入的过量氨水和 KBr 溶液的体积分别为 V_{NH_3} 和 V_{Br^-}，其浓度分别为$[NH_3]_0$和$[Br^-]_0$，混合溶液的总体积为 $V_\text{总}$，则混合并达到平衡时：

$$[Ag(NH_3)_n]^+ = \frac{[Ag^+]_0\cdot V_{Ag^+}}{V_\text{总}} \tag{4}$$

$$[Br^-] = \frac{[Br^-]_0\cdot V_{Br^-}}{V_\text{总}} \tag{5}$$

$$[NH_3] = \frac{[NH_3]_0\cdot V_{NH_3}}{V_\text{总}} \tag{6}$$

将(4)、(5)、(6)式代入(3)式，整理后得：

$$V_{Br^-} = \frac{K_f^{\ominus}(稳) \cdot K_{sp}^{\ominus} \cdot \left(\frac{[NH_3]_0}{V_总}\right)^n}{\frac{[Ag^+]_0 \cdot V_{Ag^+}}{V_总} \cdot \frac{[Br^-]_0}{V_总}} \times V_{NH_3}^n \tag{7}$$

(7)式等号右边除 $V_{NH_3}^n$ 外，其余各项均为已知量或常数，故(7)式可改写为：

$$V_{Br^-} = K' \times V_{NH_3}^n \tag{8}$$

将(8)式两边取对数得直线方程：$\lg V_{Br^-} = n\lg V_{NH_3} + \lg K'$

以 $\lg V_{Br^-}$ 为纵坐标，$\lg V_{NH_3}$ 为横坐标作图，求出该直线的斜率 n，取最接近的整数，即得 $[Ag(NH_3)_n]^+$ 的配位数 n。由直线在 $\lg V_{Br^-}$ 纵坐标轴上的截距为 $\lg K'$，这样就求出了 K'，再根据(7)式，即可求得 $K_f^{\ominus}$(稳)。

三、仪器、药品及材料

仪器：125 mL 锥形瓶、10 mL 移液管、20 mL 量筒、50 mL 量筒、25 mL 酸式滴定管、滴定台。

药品：2.0 mol/L $NH_3 \cdot H_2O$、0.0100 mol/L $AgNO_3$、0.0100 mol/L KBr。

材料：坐标纸。

四、实验步骤

1. 用 10.00 mL 移液管准确地取 0.0100 mol/L $AgNO_3$ 溶液 10.00 mL 于锥形瓶中，再分别加入蒸馏水 20.0 mL 和 2.0 mol/L $NH_3 \cdot H_2O$ 20.0 mL，混合均匀，然后在不断振荡下，从酸式滴定管中逐滴滴入 0.0100 mol/L KBr 溶液，直到刚产生的 AgBr 沉淀(混浊)不再消失即为滴定终点。将滴定时消耗的 KBr 溶液的体积 V_{Br^-} 记录在表 2-15 中，并计算出溶液的总体积 $V_总$。

2. 用同样方法按表 2-15 的用量重复上述操作 6 次。在进行重复操作中，当滴定接近终点时应加入适量蒸馏水，继续滴定至终点，使溶液的总体积与第一次测定的总体积基本相同，记录滴定终点时所消耗的 KBr 溶液的体积 V_{Br^-}。

以 $\lg V_{Br^-}$ 为纵坐标，$\lg V_{NH_3}$ 为横坐标作图，求出直线的斜率 n，即得 $[Ag(NH_3)_n]^+$ 的配位数 n。直线在纵坐标轴上的截距为 $\lg K'$，这样就求出了 K'，再根据(7)式，即可求得 $K_f^{\ominus}$(稳)。

表 2-15 $[Ag(NH_3)_n]^+$ 的配位数 n 和 $K_f^{\ominus}$(稳)测定的实验数据

实验编号	V_{Ag^+}(mL)	V_{NH_3}(mL)	V_{Br^-}(mL)	V_{H_2O}(mL)	$V_总$(mL)	$\lg V_{NH_3}$	$\lg V_{Br^-}$
1	10.00	20.0		20.0			
2	10.00	17.5		22.5			
3	10.00	15.0		25.0			

续表

实验编号	V_{Ag^+}(mL)	V_{NH_3}(mL)	V_{Br^-}(mL)	V_{H_2O}(mL)	$V_总$(mL)	$\lg V_{NH_3}$	$\lg V_{Br^-}$
4	10.00	12.5		27.5			
5	10.00	10.0		30.0			
6	10.00	7.5		32.5			
7	10.00	5.0		35.0			

五、思考题

1. 在计算$[Ag(NH_3)_n]^+$、$[Br^-]$和$[NH_3]$平衡浓度时，为什么可以忽略生成 AgBr 沉淀时所消耗的 Ag^+ 和 Br^- 的浓度，同时也可以忽略$[Ag(NH_3)_n]^+$解离出来的 Ag^+ 浓度，以及生成$[Ag(NH_3)_n]^+$时所消耗的 NH_3 的浓度？

2. 测定$[Ag(NH_3)_n]^+$的配位数 n 和稳定常数$K_f^\ominus$(稳)的理论依据是什么？如何利用作图法处理实验数据？

3. 影响配合物稳定常数的因素有哪些？

4. 由 $K_f^\ominus$(稳)和初始浓度求$[Ag(NH_3)_n]^+$、$[Br^-]$和$[NH_3]$平衡浓度，并求出 $K^\ominus$。

5. $AgNO_3$ 溶液为什么要放在棕色瓶中？还有哪些试剂应放在棕色瓶中？

六、注意事项

1. 实验中所用的锥形瓶开始时必须是干燥的，而且在滴定过程中，也不要用水洗瓶壁。

2. $NH_3 \cdot H_2O$ 必须新标定，若放置过久要重新标定。

3. 本实验的成功关键是滴定终点混浊的观察和判断，1 号测定的准确性最为重要，可先练习 1～2 次，以熟悉滴定终点的判断。

4. 往锥形瓶中滴加溴化钾溶液时，要逐滴加入，不能成线，同时要不断地摇动锥形瓶。当锥形瓶中刚产生的 AgBr 沉淀(混浊)不再消失时要立即停止滴定，防止溴化钾溶液过量加入。

5. 作图法处理实验数据要：① 选择合适的坐标系；② 点要清晰；③ 求 n 时从线上取点。

第三章　基础无机化学实验

实验七　酸 碱 平 衡

一、实验目的

1. 掌握同离子效应对弱酸、弱碱解离平衡移动的影响。
2. 掌握盐类水解反应及平衡移动的基本原理。
3. 掌握缓冲溶液的配制和缓冲性能。
4. 学会试管实验的基本操作。

二、实验原理

强电解质在水中全部解离，弱电解质在水中部分解离。在弱电解质溶液中，加入与弱电解质含有相同离子的易溶强电解质，解离平衡就向生成弱电解质的方向移动，使弱电解质的解离度降低，这种效应称为同离子效应。

由弱酸－弱酸盐（如 HAc 和 NaAc）或弱碱－弱碱盐（如 $NH_3 \cdot H_2O$ 和 NH_4Cl）组成的溶液，加入少量的强酸或强碱时，溶液的 pH 值仅有微小变化。这种具有保持溶液 pH 值相对稳定性能的溶液称为缓冲溶液。

缓冲溶液的缓冲能力与组成缓冲溶液的浓度有关，浓度越大，其缓冲能力也越强；同时也与构成弱酸与它的共轭碱（或弱碱与它的共轭酸）的比值有关，当比值接近 1 时，缓冲能力最强。

强酸强碱盐在水中不发生水解反应。其他各类盐在水中均发生水解而使溶液呈酸性或碱性。强酸弱碱盐水解溶液呈酸性；强碱弱酸盐水解溶液呈碱性；弱酸弱碱盐水解溶液的酸碱性取决于相应弱酸弱碱的相对强弱。有些盐水解后只能改变溶液的 pH 值，有些盐水解后既能改变溶液的 pH 值又能产生沉淀或气体。盐类水解同样也受到同离子效应的影响。加入水解产物可抑制水解反应，稀释水解盐溶液或提高温度可促进水解反应。

三、仪器、药品及材料

仪器：试管、试管架、试管夹、玻璃棒、药匙、酒精灯、洗瓶。

药品：0.1 mol/L HAc、1 mol/L HAc、0.1 mol/L $NH_3 \cdot H_2O$、2 mol/L $NH_3 \cdot H_2O$、0.1 mol/L $MgCl_2$、1 mol/L Na_2CO_3、1 mol/L $FeCl_3$、1 mol/L NaCl、1 mol/L NH_4Ac、

1 mol/L HCl、6 mol/L HCl、1 mol/L NaAc、1 mol/L NaOH、NaAc(s)、NH_4Cl(s)、$SbCl_3$(s)、甲基橙指示剂、酚酞指示剂。

材料：pH 试纸。

四、实验步骤

1. 同离子效应

(1) 在两支试管中各加入 1 mL 0.1mol/L HAc 溶液和 1 滴甲基橙指示剂，混匀，观察溶液颜色。在其中一支试管中加入少量固体 NaAc，观察溶液颜色变化，并解释该现象。

(2) 在一支试管中加入 1 mL 0.1mol/L $NH_3 \cdot H_2O$ 溶液和 1 滴酚酞指示剂，混匀，观察溶液颜色。再加入少量固体 NH_4Cl，观察溶液颜色变化，并解释该现象。

(3) 在两支试管中各加入 1 mL 0.1 mol/L $MgCl_2$ 溶液，其中一支试管中加入少量固体 NH_4Cl，然后分别在这两支试管中各加入 1 mL 2 mol/L $NH_3 \cdot H_2O$ 溶液，观察这两支试管中发生的变化有何不同，并解释该现象。

2. 盐类水解

(1) 取四支试管分别加入 1 mol/L Na_2CO_3、1 mol/L $FeCl_3$、1 mol/L NaCl、1 mol/L NH_4Ac 溶液各 0.5 mL，用 pH 试纸测定其酸碱性，说出哪些盐发生了水解反应，写出离子反应方程式。

(2) 取少量 $SbCl_3$ 固体于试管中，加入 1 mL 去离子水，有何现象？用 pH 试纸测其酸碱性，滴加 6 mol/L HCl 使溶液刚好澄清，再加水稀释又有何现象？用平衡移动原理解释这一现象，写出反应方程式。

(3) 在试管中加入 1 mL 1 mol/L NaAc 溶液和 1 滴酚酞指示剂，观察溶液的颜色，再将试管中溶液加热至沸腾，溶液的颜色有何变化？解释该现象。

3. 缓冲溶液的配制和性质

(1) 在小烧杯中加入 5 mL 1 mol/L HAc 溶液和 5 mL 1 mol/L NaAc 溶液配制成 pH＝4.0的缓冲溶液，用 pH 试纸测定其 pH 值，并与理论值比较。

(2) 将上述缓冲溶液分在两支试管中，一份滴入 1 滴 1 mol/L HCl，另一份滴入 1 滴 1 mol/L NaOH，用 pH 试纸分别测定其 pH 值。

(3) 取两支试管各加入 1 mL 去离子水，用 pH 试纸测定其 pH 值，一支试管中加入 1 滴 1 mol/L HCl，另一支试管中加入 1 滴 1 mol/L NaOH，再用 pH 试纸分别测定其 pH 值。

根据上述实验结果，请说明缓冲溶液的缓冲性能。

五、思考题

1. 什么是同离子效应？哪几个实验验证了同离子效应？
2. 影响盐类水解的因素有哪些？
3. 缓冲溶液 pH 值的决定因素是什么？

六、注意事项

1. 如何取液体试剂见第一章第四节二(二)；如何取固体试剂见第一章第四节二(一)；取试剂时千万不能相互污染。正确使用 pH 试纸。

2. 注意酒精灯的正确使用。

实验八 配位化合物性质和沉淀溶解平衡

一、实验目的

1. 了解配合物的生成和组成、配离子与简单离子的区别以及配离子的稳定性。
2. 了解配位平衡与其他平衡之间的关系。
3. 理解沉淀生成与溶解、分步沉淀及沉淀转化的条件。
4. 学习电动离心机的使用和离心分离的操作方法。

二、实验原理

1. 配位化合物

由中心离子与配位体按一定的组成和空间构型以配位键结合而形成的化合物称为配位化合物(简称配合物)。配合物的形成过程是一个可逆反应，例如：$Cu^{2+} + 4NH_3 \rightleftharpoons [Cu(NH_3)_4]^{2+}$。增加配位剂(如 NH_3)的浓度，该平衡就向生成配离子的方向移动；降低配位剂的浓度，平衡就向配离子解离的方向移动。

配合物一般可分成内界和外界两个组成部分。中心离子和配位体组成配合物的内界，在配合物的化学式中一般用方括号表示内界，方括号以外的部分为外界。内界和外界以离子键结合，在水溶液中完全解离。配位体在水溶液中分步解离，其行为类似于弱电解质。配位体在溶液中稳定性的高低可通过配位体稳定常数的大小来反映。对于同类型的配合物，$K_f^{\ominus}$(稳)数值愈大，配合物的稳定性就愈好。

在一个配合物的溶液中，加入一种可以与中心离子结合生成难溶物的沉淀剂，就会导致溶液中未配位的金属离子的浓度降低，促进配离子的解离。反之，一种配位剂若能与金属离子结合生成稳定的配合物，并且此配合物是易溶性的，则加入足量的配位剂就可以使该金属离子的难溶盐溶解，若先加入配位剂而后加入沉淀剂，就可以阻止沉淀的生成。沉淀剂与配位剂对金属离子的竞争结果取决于相应难溶物的 K_{sp} 和相应配离子的 $K_{稳}$ 的相对大小。

有些配合物具有较高的稳定性，有些配合物的稳定性较差。大部分配合物都具有颜色。配合物中心原子的配位数有大有小。配位数不同的配合物其空间构型也不同，因而各种配合物的性质存在着很大的差别。

2. 沉淀-溶解平衡

在难溶强电解质晶体的饱和溶液中，难溶强电解质与溶液中相应离子间的多相离子平衡，称为沉淀－溶解平衡。各离子浓度幂的乘积为一常数，即为溶度积常数 K_{sp}；各离子浓度幂的乘积，即为反应商 Q：

$$A_mB_n(s) \rightleftharpoons mA^{n+}(aq) + nB^{m-}(aq)$$

$$K_{sp} = [A^{n+}]^m \cdot [B^{m-}]^n$$

$$Q = (A^{n+})^m \cdot (B^{m-})^n$$

沉淀的生成和溶解可以根据溶度积规则来判断：

$Q>K_{sp}$，溶液为过饱和溶液，平衡向生成沉淀的方向移动，直到形成该温度下的饱和溶液而达到新的平衡，有沉淀生成；

$Q=K_{sp}$，溶液是饱和溶液，饱和溶液与沉淀物处于动态平衡状态，没有沉淀生成；

$Q<K_{sp}$，溶液是不饱和溶液，若体系中有固体存在，平衡向沉淀溶解的方向移动，直到形成该温度下的饱和溶液而达到新的平衡，沉淀溶解。

溶液 pH 的改变、配合物的形成或发生氧化还原反应，都会引起难溶电解质溶解度的改变。

对于相同类型的难溶电解质，应根据 K_{sp}的相对大小判断沉淀的先后顺序，通常 K_{sp}小的先沉淀。对于不同类型的难溶电解质，则要计算确定哪个需要的沉淀剂的浓度小，哪个就先沉淀。

两种沉淀间相互转化的难易程度可根据沉淀转化反应的标准平衡常数确定。

三、仪器、药品及材料

仪器：点滴板、试管、试管架、酒精灯、电动离心机。

药品：2 mol/L HCl、2 mol/L H_2SO_4、6 mol/L HNO_3、3% H_2O_2、2 mol/L NaOH、2 mol/L $NH_3 \cdot H_2O$、6 mol/L $NH_3 \cdot H_2O$、0.1 mol/L KBr、0.02 mol/L KI、0.1 mol/L KI、2.0 mol/L KI、0.1 mol/L K_2CrO_4、0.1 mol/L KSCN、0.1 mol/L NaCl、0.1 mol/L Na_2S、0.1 mol/L Na_2H_2Y、0.1 mol/L $Na_2S_2O_3$、1 mol/L NH_4Cl、0.1 mol/L $MgCl_2$、0.1 mol/L $CaCl_2$、0.1 mol/L $Pb(NO_3)_2$、0.01 mol/L $Pb(NO_3)_2$、0.1 mol/L $CoCl_2$、0.1 mol/L $FeCl_3$、0.1 mol/L $AgNO_3$、0.1 mol/L $NiSO_4$、0.1 mol/L $NH_4Fe(SO_4)_2$、0.1 mol/L $K_3[Fe(CN)_6]$、0.1 mol/L $BaCl_2$、0.1 mol/L $CuSO_4$、1%丁二酮肟、酚酞指示剂、(Ba^{2+}、Zn^{2+}、Fe^{3+}、Ag^+)混合液。

材料：pH 试纸。

四、实验步骤

1. 配离子与简单离子、复盐的区别

取三支试管分别滴加 2 滴 0.1 mol/L $K_3[Fe(CN)_6]$溶液、0.1 mol/L $NH_4Fe(SO_4)_2$ 溶液和 0.1 mol/L $FeCl_3$ 溶液，再分别滴加 2 滴 0.1 mol/L KSCN 溶液，观察三支试管中溶液颜色

的变化，并解释该现象。

2. 配离子的生成

(1) 简单配合物的生成

取 1 mL 0.1 mol/L $CuSO_4$ 溶液，逐滴加入 2 mol/L $NH_3 \cdot H_2O$ 至生成的沉淀消失变为深蓝色的溶液。将此溶液分为两份，一份逐滴少量加入 2 mol/L NaOH 溶液，另一份逐滴少量加入 0.1 mol/L $BaCl_2$ 溶液，观察现象。指出硫酸四氨合铜的内界、外界、中心离子和配位体。

(2) 螯合物的生成

在白色点滴板上滴入 2 滴 0.1 mol/L $NiSO_4$ 溶液、1 滴 6 mol/L $NH_3 \cdot H_2O$ 和 1 滴 1%的丁二酮肟酒精溶液，观察生成沉淀的颜色。此反应可用来鉴定 Ni^{2+}。

3. 配合物的稳定性

在一支离心试管中加入 5 滴 0.1 mol/L $AgNO_3$ 溶液和 5 滴 0.1 mol/L NaCl 溶液，离心分离，弃去清液，然后加入 6 mol/L $NH_3 \cdot H_2O$ 至沉淀刚好溶解。

在上述溶液中加 1 滴 0.1 mol/L NaCl 溶液，观察是否有白色的 AgCl 沉淀生成，再加 1 滴 0.1 mol/L KBr 溶液，观察沉淀的颜色，继续加入 0.1 mol/L KBr 溶液，至不再产生沉淀为止。离心分离，弃去清液，在沉淀中加入 0.1 mol/L $Na_2S_2O_3$ 溶液，振荡试管至沉淀刚好溶解为止。

往上述溶液中加 1 滴 0.1 mol/L KBr 溶液，观察是否有淡黄色的 AgBr 沉淀生成，再加 1 滴 0.1 mol/L KI 溶液，观察 AgI 沉淀的颜色，继续加入 0.1 mol/L KI 溶液，至不再产生沉淀为止。离心分离，弃去清液，在沉淀中加入 2 mol/L KI 溶液，振荡试管至沉淀刚好溶解为止。

根据以上实验结果，比较 AgCl、AgBr、AgI 三者的 K_{sp} 大小以及 $[Ag(NH_3)_2]^+$、$[Ag(S_2O_3)_2]^{3-}$ 和 $[AgI_2]^-$ 配离子稳定性的大小。

4. 配合物形成时溶液 pH 的改变

取两支试管分别加入 0.1 mol/L $CaCl_2$ 溶液和 0.1 mol/L Na_2H_2Y 溶液各 1 mL，各加入 1 滴酚酞指示剂，两支试管均用 0.1 mol/L $NH_3 \cdot H_2O$ 调到溶液刚刚变红。再把两溶液混合后，溶液的颜色有何变化？说明溶液 pH 值减少的原因。

5. 配合物形成时中心离子氧化还原性的改变

(1) 在试管中加入 5 滴 0.1 mol/L $CoCl_2$ 溶液和 5 滴 3% H_2O_2，H_2O_2 能否把 Co^{2+} 氧化成 Co^{3+}？

(2) 在试管中加入 5 滴 0.1 mol/L $CoCl_2$ 溶液，滴加 6 mol/L $NH_3 \cdot H_2O$ 至沉淀溶解，再滴加 3% H_2O_2，观察溶液颜色的变化。此时钴的氧化数是多少？形成氨配合物对 Co^{2+} 的还原性有何影响？

由上述(1)和(2)两个实验可以得出何结论？

6. 沉淀的生成与溶解(自行设计实验)

先制取 $Mg(OH)_2$、PbI_2 和 PbS 沉淀，然后按下面要求将它们分别溶解，写出反应方程式。

(1) 利用生成弱电解质的方法溶解 $Mg(OH)_2$ 沉淀。

(2) 利用生成配离子的方法溶解 PbI_2 沉淀。

(3) 利用氧化还原反应的方法溶解 PbS 沉淀。

7. 分步沉淀(强调:慢慢滴加并不断振荡试管)

在离心试管中加入 2 滴 0.1 mol/L Na_2S 溶液和 2 滴 0.1 mol/L K_2CrO_4 溶液,用去离子水稀释至 5 mL,摇匀。滴入 1 滴 0.1 mol/L $Pb(NO_3)_2$ 溶液,观察生成沉淀的颜色,离心分离。然后再向清液中继续滴加 0.1 mol/L $Pb(NO_3)_2$ 溶液,将会出现什么颜色的沉淀?根据溶度积数据解释,并写出有关反应方程式。

8. 沉淀的转化

取 2 滴 0.1 mol/L $AgNO_3$ 溶液,加入 2 滴 0.1 mol/L K_2CrO_4 溶液,有何种颜色的沉淀生成?离心分离,弃去清液,向沉淀中逐滴加入 0.1 mol/L NaCl 溶液,有何现象?解释原因。

9. 沉淀-配位溶解法分离混合阳离子

某溶液中含有 Ba^{2+}、Ag^+、Fe^{3+}、Zn^{2+} 四种离子,试设计方法分离之。写出有关反应方程式。

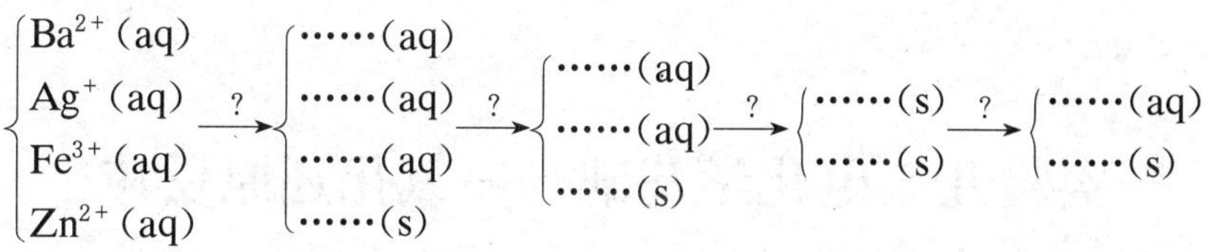

五、思考题

1. 比较$[FeCl_4]^-$、$[Fe(NCS)_6]^{3-}$和$[FeF_6]^{3-}$的稳定性。(查配离子的标准稳定常数)

2. 比较$[Ag(NH_3)_2]^+$、$[Ag(S_2O_3)_2]^{3-}$和$[AgI_2]^-$的稳定性。

3. KSCN 溶液检查不出 $K_3[Fe(CN)_6]$溶液中的 Fe^{3+},是否表明溶液中无游离的 Fe^{3+} 存在?

4. 如何正确地使用电动离心机?

六、注意事项

1. 进行本实验时,凡是生成沉淀的步骤,沉淀量要少,即以刚生成沉淀为宜。凡是使沉淀溶解的步骤,加入溶液的量以能使沉淀刚好溶解为宜。因此溶液必须逐滴加入,且边加边振荡试管,若试管中溶液量太多,可在生成沉淀后,先离心分离弃去清液,再继续进行实验。

2. 离心试管不能直接加热,可采用水浴加热。普通试管不能放入离心机使用。

附录　LDZ4－1.2 电动离心机的使用方法

LDZ4－1.2 电动离心机如图 3-1 所示。用离心机可进行沉淀与溶液的分离。使用时将含有待离心的沉淀混合液的离心试管放入离心机套管内,在其相对位置放一与沉淀混合液等体积的水以保持平衡。盖好盖子,再开动离心机,选择中速,1 min 后关掉离心机,使其自然停止,再开盖子取出离心试管。

图 3-1　LDZ4－1.2 电动离心机

实验九　电化学基础——氧化还原反应

一、实验目的

1. 加深理解电极电势与氧化还原反应的关系。
2. 了解浓度、酸度、温度和催化剂对氧化还原反应的影响。
3. 了解原电池的装置、学会用酸度计测定电动势以及浓度对电极电势的影响。

二、实验原理

参加反应的物质间有电子转移或偏移的化学反应称为氧化还原反应。氧化还原反应是物质得失电子的过程，反映在元素氧化数发生变化。还原剂失去电子被氧化，元素的氧化值增大；氧化剂得到电子被还原，元素的氧化值减小。氧化还原反应是同时进行的，其中得失电子数相等。

物质氧化还原能力的大小可以根据相应电对电极电势的高低来判断。电极电势越高，电对中氧化型物质的氧化能力越强。电极电势越低，电对中还原型物质的还原能力越强。根据电极电势的高低可以判断氧化还原反应的方向。当氧化剂电对的电极电势大于还原剂电对的电极电势时，反应能正向自发进行。

由电极反应的能斯特(Nernst)方程式可以看出浓度对电极电势的影响，298.15 K 时，

$$E = E^{\ominus} + \frac{0.0592\ \text{V}}{z}\lg\frac{c(\text{氧化型})}{c(\text{还原型})}$$

溶液的 pH 值会影响某些电对的电极电势或氧化还原反应的方向。介质的酸碱性也会影响某些氧化还原反应的产物。例如，在酸性、中性和强碱性溶液中，MnO_4^- 的还原产物分别为 Mn^{2+}、MnO_2 和 MnO_4^{2-}。溶液的浓度、温度和催化剂均影响氧化还原反应的速率。

原电池是利用氧化还原反应将化学能转变为电能的装置。以饱和甘汞电极为参比电极，与待测电极组成原电池，用电位差计(或酸度计)可测定原电池的电动势，然后计算出待测电极的电极电势。同样，也可以用酸度计测定铜－锌原电池的电动势。当生成配合物时，会引起电极电势和电动势发生改变。

三、仪器、药品及材料

仪器：雷磁 pH－3S 型酸度计、酒精灯、水浴锅、饱和甘汞电极、锌电极、铜电极、试管、试管架、点滴板、50mL 烧杯。

药品：2 mol/L H_2SO_4、2 mol/L HAc、2 mol/L HNO_3、浓 HNO_3、0.1 mol/L $H_2C_2O_4$、3% H_2O_2、2 mol/L NaOH、6 mol/L $NH_3 \cdot H_2O$、0.1 mol/L $MnSO_4$、0.1 mol/L $AgNO_3$、0.1 mol/L KI、0.1 mol/L KIO_3、0.1 mol/L KBr、0.1 mol/L $K_2Cr_2O_7$、0.01 mol/L $KMnO_4$、0.1 mol/L Na_2SO_3、锌粒、$(NH_4)_2S_2O_8$(s)、0.1 mol/L $FeSO_4$、0.1 mol/L $FeCl_3$、0.005 mol/L $CuSO_4$、1.0 mol/L $ZnSO_4$、淀粉溶液。

材料：砂纸、导线、含饱和 KCl 的盐桥。

四、实验步骤

1. 电极电势与氧化还原反应

(1) 取一支试管加入 1 mL 0.1 mol/L KI 溶液和 5 滴 0.1 mol/L $FeCl_3$ 溶液，有何现象？再加入 1 mL 淀粉溶液，振荡试管，溶液颜色有何变化？写出反应方程式。

(2) 用 0.1 mol/L KBr 溶液代替 0.1 mol/L KI 溶液重复上述实验，能否发生反应？

由上述实验，比较 $E^{\ominus}(Fe^{3+}/Fe^{2+})$、$E^{\ominus}(Br_2/Br^-)$和 $E^{\ominus}(I_2/I^-)$电对电极电势的相对大小，指出最强的氧化剂和最强的还原剂。

2. 常见的氧化剂与还原剂的反应

(1) 在试管中加入 1 mL 0.1 mol/L KI 溶液和数滴 2 mol/L H_2SO_4 溶液，混匀，再逐滴加入 3% H_2O_2 溶液，观察现象，指出反应的氧化剂与还原剂。

(2) 在试管中加入 1 mL 0.01 mol/L $KMnO_4$ 溶液和数滴 2 mol/L H_2SO_4 溶液，混匀，再逐滴加入 3% H_2O_2 溶液，观察现象，指出反应的氧化剂与还原剂。

(3) 在试管中加入 5 滴 0.1 mol/L $K_2Cr_2O_7$ 溶液和 2 滴 2 mol/L H_2SO_4 溶液，混匀，再逐滴加入 0.1 mol/L Na_2SO_3 溶液，观察现象，指出反应的氧化剂与还原剂。

(4) 在试管中加入 5 滴 0.1 mol/L $K_2Cr_2O_7$ 溶液和 2 滴 2 mol/L H_2SO_4 溶液，混匀，再逐滴加入 0.1 mol/L $FeSO_4$ 溶液，观察现象，指出反应的氧化剂与还原剂。

3. 影响氧化还原反应的因素

(1) 浓度对氧化还原反应速率及产物的影响

取两支试管各放入一粒锌粒，分别加 1 mL 浓 HNO_3 和 2 mol/L HNO_3 溶液，观察所发生的现象：① 它们的反应速率有何不同。② 它们的反应产物有何不同。

(2) 酸度对氧化还原反应速率的影响

取两支试管各加入 1 mL 0.1 mol/L KBr 溶液，再分别各加 10 滴 2 mol/L H_2SO_4 和 2 mol/L HAc 溶液，最后再分别滴入 1 滴 0.01 mol/L $KMnO_4$ 溶液，观察并比较两支试管中紫红色褪色的快慢。写出反应方程式。

(3) 酸碱性对氧化还原反应产物的影响

在白色点滴板的三个孔穴中各滴入 1 滴0.01 mol/L $KMnO_4$ 溶液，分别滴入1滴 2 mol/L H_2SO_4 溶液、1 滴蒸馏水和 1 滴 2 mol/L NaOH 溶液，最后再分别滴入 1 滴 0.1 mol/L Na_2SO_3溶液。观察产物有何不同。写出反应方程式。

(4) 酸碱性对氧化还原反应方向的影响

在一支试管中加入 10 滴 0.1 mol/L KIO_3 溶液与 10 滴 0.1 mol/L KI 溶液，混匀，观察溶液有无变化。再滴入几滴 2 mol/L H_2SO_4 溶液，溶液有何变化。再滴入 2 mol/L NaOH 溶液使溶液呈碱性，又有何现象产生。

(5) 温度对氧化还原反应速率的影响

在两支试管中各加入 2 滴 0.01 mol/L $KMnO_4$ 溶液、2 滴 2 mol/L H_2SO_4 溶液和 1 mL 0.1 mol/L $H_2C_2O_4$ 溶液。将其中一支试管放入 80 ℃水浴锅中加热，另一支试管不加热，观察两支试管中溶液褪色的快慢，解释现象并写出反应方程式。

(6) 催化剂对氧化还原反应速率的影响

在试管中加入 2 滴 0.1 mol/L $MnSO_4$ 溶液和1 mL 2 mol/L H_2SO_4 溶液，再加入少量固体过二硫酸铵，充分振荡混匀后分成两份。一份溶液中加 1 滴 0.1 mol/L $AgNO_3$ 溶液，另一份溶液中未加 0.1 mol/L $AgNO_3$ 溶液，水浴加热后静置片刻，观察两支试管中溶液颜色有何不同，写出反应方程式。

4. 原电池电动势的测定

(1) 在 50 mL 烧杯中加入 25 mL 1.0 mol/L $ZnSO_4$ 溶液，然后插入饱和甘汞电极和锌电极，组成原电池。将甘汞电极用导线与 pH 计的“+”极相连，锌电极用导线与 pH 计的“-”极相接。用 pH 计的“mV”挡，测量其电动势，计算 $E^{\ominus}(Zn^{2+}/Zn)$。(已知饱和甘汞电极的 $E=0.2415$ V)

(2) 在另一个 50 mL 烧杯中加入 25 mL 0.005 mol/L $CuSO_4$ 溶液，插入铜电极，与(1)中的锌电极组成原电池，两烧杯中的溶液用含饱和 KCl 的盐桥连接，将铜电极用导线与 pH 计的“+”极相接，锌电极用导线与 pH 计的“-”极相接，测量其电动势，计算 $E(Cu^{2+}/Cu)$和 $E^{\ominus}(Cu^{2+}/Cu)$。

(3) 向 0.005 mol/L $CuSO_4$ 溶液中滴入过量 6 mol/L $NH_3 \cdot H_2O$ 至生成的沉淀溶解，形成深蓝色透明溶液$[Cu(NH_3)_4]^{2+}$为止，再测量其电动势，计算 $E([Cu(NH_3)_4]^{2+}/Cu)$。

(4) 再向 1.0 mol/L $ZnSO_4$ 溶液中滴入过量 6 mol/L $NH_3 \cdot H_2O$ 至生成的沉淀溶解形成$[Zn(NH_3)_4]^{2+}$，测量其电动势，计算 $E([Zn(NH_3)_4]^{2+}/Zn)$。

比较以上四次测定结果，说明浓度对电极电势的影响。

五、思考题

1. 为什么 $K_2Cr_2O_7$ 能氧化浓盐酸中的氯离子，而不能氧化 NaCl 溶液中的氯离子？

2. H_2O_2 为什么既可作氧化剂又可作还原剂？写出有关电极反应，并说明 H_2O_2 在什么情况下可作氧化剂，在什么情况下可作还原剂。

3. 浓度、温度和催化剂对氧化还原反应的速率有何影响？在标准电位表上电位差值大的两电位，其氧化还原反应的反应速率是否一定很快？

4. 饱和甘汞电极与标准甘汞电极的电极电势是否相等？

5. 计算原电池(－)Ag|AgCl(s)|KCl(0.01 mol/L)‖$AgNO_3$(0.01 mol/L)|Ag(＋)(盐桥为含饱和 NH_4NO_3 溶液)的电动势。

六、注意事项

1. 盐桥的制法：称取 1 g 琼脂，放在 100 mL KCl 饱和溶液中浸泡一会儿，在不断搅拌下，加热煮成糊状，趁热倒入 U 形玻璃管中(管内不能留有气泡，否则会增加电阻)，冷却即成。更为简便的方法可用 KCl 饱和溶液装满 U 形玻璃管中，两管口以小棉花球塞住(管内不能留有气泡)，作为盐桥的使用。

2. 电极的处理：电极的锌片、铜片要用砂纸擦干净，以免增大电阻。

3. 浓 HNO_3 与 Zn 反应有刺激性气体 NO_2 产生，必须在通风橱中进行。

第四章 元素及其化合物的性质

实验十 s区元素(碱金属和碱土金属)

一、实验目的

1. 比较碱金属和碱土金属的活泼性。
2. 比较碱土金属氢氧化物的溶解性。
3. 比较镁、钙、钡的碳酸盐、硫酸盐、铬酸盐和草酸盐的溶解性。
4. 观察焰色反应并掌握其实验方法。

二、实验原理

钠在空气中燃烧生成过氧化钠,镁在空气中燃烧生成 MgO 和 Mg_3N_2。Mg_3N_2 遇水能生成氢氧化物,并放出氨气。碱金属和碱土金属(除铍外)都能与水反应生成氢氧化物同时放出氢气。反应的激烈程度随着金属性的增强而加剧。碱金属和碱土金属密度较小,由于它们易与空气或水反应,所以应保存在煤油或液体石蜡中以隔绝空气和水。

碱金属的绝大多数盐类均易溶于水。碱土金属的碳酸盐均难溶于水。

碱金属和碱土金属盐类的焰色反应特征颜色见表 4-1。

表 4-1 焰色反应特征颜色

盐类	锂	钠	钾	钙	锶	钡
颜色特征	红	黄	紫	橙	洋红	绿

三、仪器、药品及材料

仪器:镊子、瓷坩埚、50 mL 烧杯、试管、试管架、小刀、酒精灯、离心机。

药品:2 mol/L H_2SO_4、2 mol/L HCl、浓 HCl、2 mol/L HAc、2 mol/L NaOH、0.01 mol/L $KMnO_4$、1.0 mol/L NaCl、0.1 mol/L $MgCl_2$、0.5 mol/L Na_2CO_3、0.1 mol/L $CaCl_2$、0.5 mol/L $CaCl_2$、0.1 mol/L $BaCl_2$、0.5 mol/L $BaCl_2$、0.5 mol/L K_2CrO_4、0.5 mol/L Na_2SO_4、0.5 mol/L $(NH_4)_2C_2O_4$、1.0 mol/L KCl、1.0 mol/L LiCl、0.5 mol/L $SrCl_2$、Na(s)、1%酚酞指示剂。

材料:碎滤纸片、红色石蕊试纸、镍铬丝、砂纸、镁条、蓝色的钴玻璃片。

四、实验步骤

1. 碱金属和碱土金属活泼性的比较

(1) 金属钠在空气中的燃烧反应。用镊子取一小块(绿豆大小)金属钠,用滤纸吸干表面上的煤油,切去表面氧化膜,立即放入干燥的瓷坩埚中,加热到钠刚开始燃烧时停止加热,观察反应现象及其产物的颜色和状态。加 2 mL 去离子水溶解产物,再加 2 滴 1%酚酞指示剂,观察溶液颜色。加1滴 2 mol/L H_2SO_4 溶液酸化后,再加1滴 0.01 mol/L $KMnO_4$,观察反应现象,写出有关反应方程式。

(2) 镁条在空气中的燃烧反应。取一根镁条,用砂纸除去表面的氧化膜,用镊子夹住直接放在酒精灯中燃烧,观察燃烧情况和所得产物。将产物转移到试管中,加 1 mL 去离子水,立即用湿润的红色石蕊试纸放在试管口检验逸出的气体,试液中再加 1 滴 1%酚酞指示剂,观察溶液颜色,写出有关反应方程式。

(3) 钠与水的反应。在烧杯中加约 20 mL 去离子水,取绿豆大小金属钠,用滤纸吸干煤油,放入水中,观察反应情况,检验反应后水溶液的酸碱性。

(4) 镁条与水的反应。取一小段干净的镁条,放入盛有蒸馏水的试管中,观察反应情况。将试管加热至沸腾,是否有反应现象,检验反应后水溶液的酸碱性。

同周期的碱土金属与水反应不如碱金属激烈。

2. 碱土金属氢氧化物溶解性的比较

在三支试管中分别加入 1 mL 0.1 mol/L $MgCl_2$ 溶液、0.1 mol/L $CaCl_2$ 溶液和 0.1 mol/L $BaCl_2$ 溶液,再各加入 1 mL 2 mol/L NaOH 溶液,观察沉淀生成。根据沉淀的多少,比较这三种氢氧化物的溶解性。

3. 盐类的溶解性

(1) 镁、钙和钡碳酸盐的生成和性质。在三支离心试管中分别加入 1 mL 0.1 mol/L $MgCl_2$ 溶液、0.1 mol/L $CaCl_2$ 溶液和 0.1 mol/L $BaCl_2$ 溶液,再各加入 1 mL 0.5 mol/L Na_2CO_3溶液,观察现象。离心分离,弃去清液,检验各沉淀物是否溶于 2.0 mol/L HAc 溶液。

(2) 镁、钙和钡硫酸盐的生成和性质。在三支离心试管中分别加入 1 mL 0.1 mol/L $MgCl_2$ 溶液、0.1 mol/L $CaCl_2$ 溶液和 0.1 mol/L $BaCl_2$ 溶液,再各加入 1 mL 0.5 mol/L Na_2SO_4溶液,观察有无沉淀产生。如有沉淀产生,再分别检验沉淀是否溶于 2.0 mol/L HAc 溶液和 2.0 mol/L HCl 溶液。比较 $MgSO_4$、$CaSO_4$ 和 $BaSO_4$ 溶解度的大小。

(3) 镁、钙和钡铬酸盐的生成和性质。在三支离心试管中分别加入 1 mL 0.1 mol/L $MgCl_2$ 溶液、0.1 mol/L $CaCl_2$ 溶液和 0.1 mol/L $BaCl_2$ 溶液,再各加入 1 mL 0.5 mol/L K_2CrO_4溶液,观察有无沉淀产生。如有沉淀产生,再分别检验沉淀是否溶于 2.0 mol/L HAc 溶液和 2.0 mol/L HCl 溶液。

(4) 镁、钙和钡草酸盐的生成和性质。在三支离心试管中分别加入 1 mL 0.1 mol/L $MgCl_2$ 溶液、0.1 mol/L $CaCl_2$ 溶液和 0.1 mol/L $BaCl_2$ 溶液,再各加入 1 mL 0.5 mol/L $(NH_4)_2C_2O_4$ 溶液,观察有无沉淀产生。如有沉淀产生,再分别检验沉淀是否溶于 2.0 mol/L

HAc 溶液和 2.0 mol/L HCl 溶液。

4. 焰色反应

取一根镍铬丝顶端弯成小圆环，蘸上浓 HCl 溶液，在煤气灯的氧化焰上灼烧，直至火焰不再呈现任何颜色。然后用洁净的镍铬丝蘸取 1.0 mol/L LiCl 溶液，在煤气灯的氧化焰中灼烧，观察火焰颜色。用上述同样的操作，分别观察 1.0 mol/L NaCl 溶液、1.0 mol/L KCl 溶液、0.5 mol/L $CaCl_2$ 溶液、0.5 mol/L $SrCl_2$ 溶液和 0.5 mol/L $BaCl_2$ 溶液的焰色反应。

五、思考题

1. 钠和镁的标准电极电势相差不大(分别为 −2.71 V 和 −2.37 V)，为什么两者与水反应的激烈程度却大不相同？

2. 为什么 $BaCO_3$、$BaCrO_4$ 和 $BaSO_4$ 在 HAc 或 HCl 溶液中有不同的溶解情况？

3. 如何解释镁、钙、钡的氢氧化物和碳酸盐溶解度大小的递变规律？

六、注意事项

1. 未用完的金属钠碎屑不能乱丢，放回原瓶或放在少量酒精溶液中，使其缓慢反应消耗掉。

2. 镍铬丝最好不要混用，每进行一种溶液的焰色反应前，一定要蘸浓 HCl 溶液 2～3 次，在煤气灯的氧化焰上灼烧至火焰近无色。

3. 观察钾盐的焰色反应时，微量的 Na^+ 所产生的黄色火焰会遮蔽 K^+ 所显示的浅紫色火焰，为了防止黄色钠焰的掩盖，可通过蓝色的钴玻璃片观察 K^+ 的火焰。

实验十一　p 区元素Ⅰ(卤素和氧族元素)

一、实验目的

1. 掌握实验室制备卤素的方法、卤素单质氧化性和卤化氢还原性的递变规律。

2. 掌握卤酸盐和过二硫酸盐的氧化性。

3. 掌握过氧化氢、亚硫酸盐和硫代硫酸盐的性质。

4. 掌握 H_2O_2、S^{2-}、SO_3^{2-}、$S_2O_3^{2-}$、Cl^-、Br^-、I^- 的鉴定。

二、实验原理

卤素的价电子构型为 ns^2np^5，容易得到一个电子生成卤化物。所以，卤素都是很活泼的非金属，而且其非金属性从上到下逐渐增强，其氧化数通常是 −1。卤素还能生成含氧酸，其含氧酸中氧化数分别为 +1，+3，+5，+7。卤素单质都是氧化剂，氧化性的强弱次序为：$Cl_2 > Br_2 > I_2$。卤素离子都是还原剂，还原性的强弱次序为：$I^{-1} > Br^{-1} > Cl^{-1}$。

卤素分子都是非极性分子，所以易溶于非极性溶剂中。

HBr 和 HI 能分别将浓 H_2SO_4 还原为 SO_2 和 H_2S。Br^- 能被 Cl_2 氧化为 Br_2，在 CCl_4 中呈棕黄色。I^- 能被 Cl_2 氧化为 I_2，在 CCl_4 中呈紫色，当 Cl_2 过量时，I_2 被进一步氧化为无色的 IO_3^-。

氧族元素价电子构型为 ns^2np^4，其中氧和硫为较活泼的非金属元素。在氧的化合物中 H_2O_2 是一种淡蓝色的液体，不稳定易分解放出氧气，H_2O_2 中氧的氧化态居中，所以 H_2O_2 既有氧化性又有还原性。在酸性溶液中，能使 $Cr_2O_7^{2-}$ 生成深蓝色的 CrO_5，CrO_5 能与乙醚或戊醇形成稳定的蓝色配合物，此法可用于鉴定 H_2O_2。

$$4H_2O_2 + 2H^+ + Cr_2O_7^{2-} \longrightarrow 2CrO_5 + 5H_2O$$

硫化合物中，H_2S、S^{2-} 具有强还原性，而浓 H_2SO_4、$H_2S_2O_8$ 及其盐具有强氧化性。氧化数为 +6～-2 的硫的化合物既具有氧化性又具有还原性，但以还原性为主。大多数金属硫化物溶解度小，而且具有特征的颜色。

S^{2-} 鉴定的两种方法：在含有 S^{2-} 的溶液中加入稀盐酸，生成的 H_2S 气体能使湿润的醋酸铅试纸变黑。或在碱性溶液中，S^{2-} 与 $[Fe(CN)_5NO]^{2-}$ 反应生成紫色配合物：

$$S^{2-} + [Fe(CN)_5NO]^{2-} \longrightarrow [Fe(CN)_5NOS]^{4-}$$

SO_3^{2-} 与 $[Fe(CN)_5NO]^{2-}$ 反应生成红色配合物，加入饱和 $ZnSO_4$ 溶液和 $K_4[Fe(CN)_6]$ 溶液，会使红色明显加深。该方法用于鉴定 SO_3^{2-}。

硫代硫酸不稳定，因此硫代硫酸盐遇酸容易分解。$Na_2S_2O_3$ 常用作还原剂，它还能与某些金属离子形成配合物。$S_2O_3^{2-}$ 与 Ag^+ 反应能生成白色的 $Ag_2S_2O_3$ 沉淀，该沉淀能迅速分解为黑色的 Ag_2S 和 H_2SO_4，这一过程伴随溶液颜色由白色→黄色→棕色→黑色，该反应可鉴定 $S_2O_3^{2-}$。

$$2Ag^+ + S_2O_3^{2-} \longrightarrow Ag_2S_2O_3\downarrow$$

$$Ag_2S_2O_3\downarrow + H_2O \longrightarrow Ag_2S\downarrow + H_2SO_4$$

过二硫酸盐是强氧化剂，在酸性条件下能将 Mn^{2+} 氧化为 MnO_4^-，有 Ag^+ 作催化剂时，反应速率增大。

三、仪器、药品及材料

仪器：酒精灯、水浴锅、离心机、玻璃棒，试管、试管架、点滴板。

药品：2 mol/L H_2SO_4、6 mol/L H_2SO_4、浓 H_2SO_4、2 mol/L HCl、浓 HCl、2 mol/L HNO_3、6 mol/L HAc、2 mol/L $NH_3 \cdot H_2O$、2 mol/L NaOH、0.1 mol/L NaCl、0.1 mol/L KBr、0.1 mol/L KI、0.1 mol/L $K_2Cr_2O_7$、3% H_2O_2、0.1 mol/L KIO_3、$ZnSO_4$（饱和溶液）、1% $Na_2[Fe(CN)_5NO]$、0.1 mol/L $K_4[Fe(CN)_6]$、0.1 mol/L $Na_2S_2O_3$、1%淀粉溶液、0.1 mol/L Na_2SO_3、0.1 mol/L Na_2S、12% $(NH_4)_2CO_3$、0.1 mol/L $AgNO_3$、0.1 mol/L $MnSO_4$、CCl_4 溶液、0.1 mol/L $Pb(NO_3)_2$、0.01 mol/L 碘水、0.1 mol/L $NaHSO_3$、$KClO_3$(s)、$K_2S_2O_8$(s)、KCl(s)、KBr(s)、KI(s)、MnO_2(s)、戊醇（或乙醚）、锌粉、氯水。

材料：pH 试纸、淀粉－碘化钾试纸、醋酸铅试纸、蓝色石蕊试纸、火柴。

四、实验步骤

1. 卤素的制备

在三支干燥的试管中分别加入绿豆粒大小的 KCl、KBr 和 KI 固体，再分别加入 2 mL 2 mol/L H_2SO_4溶液和少量 MnO_2 固体，立即用湿润的淀粉 - 碘化钾试纸检验第一支试管中放出的气体是 Cl_2；第二、三支试管中分别加入 1 mL CCl_4，观察 CCl_4 层的颜色变化，写出有关反应方程式。

2. 比较卤化氢的还原性

在三支干燥的试管中分别加入绿豆粒大小的 KCl、KBr 和 KI 固体，再分别加入 2 滴浓 H_2SO_4，观察试管中的变化。立即用湿润的蓝色石蕊试纸检验第一支试管口逸出的气体；立即用湿润的淀粉 - 碘化钾试纸检验第二支试管口逸出的气体；立即用湿润的醋酸铅试纸检验第三支试管口逸出的气体。比较三支试管的反应产物，列出 Cl^-、Br^-、I^- 还原性强弱的变化规律，写出有关反应方程式。

3. 卤酸盐的氧化性

(1) 氯酸盐的氧化性

① 取米粒大小的 $KClO_3$ 晶体于试管中，加入 3 滴浓盐酸，注意逸出气体的气味，检验气体产物，写出反应方程式并加以解释。

② 取米粒大小的 $KClO_3$ 晶体于试管中，加入 2 mL 去离子水溶解，然后加入 3 滴 0.1 mol/L KI 溶液和 0.5 mL 的 CCl_4，振荡试管，观察试管内水相和有机相的变化。再逐滴加入 6 mol/L H_2SO_4 溶液酸化，又有何变化？写出反应方程式。

(2) 碘酸盐的氧化性

① 取 5 滴 0.1 mol/L KIO_3 溶液于试管中，加 2 滴 2 mol/L H_2SO_4 溶液酸化后，再加 5 滴 CCl_4 和 0.1 mol/L $NaHSO_3$ 溶液 5 滴，摇荡试管，观察现象，写出反应方程式。

② 取 1 mL 0.1 mol/L KIO_3 溶液于试管中，加 2 滴 2 mol/L H_2SO_4 溶液酸化后，加 2 滴 1%的淀粉溶液，再滴入 0.1 mol/L Na_2SO_3 溶液，有何现象？若体系不酸化，又有何现象？若改变试剂的加入顺序，如先加 0.1 mol/L Na_2SO_3 溶液，最后滴入 0.1 mol/L KIO_3 溶液，又会有何现象？

4. Cl^-、Br^-、I^- 混合溶液的分离与鉴定

于离心试管中加入 3 滴 0.1 mol/L NaCl 溶液、3 滴 0.1 mol/L KBr 溶液和 3 滴 0.1 mol/L KI 溶液，混匀后，加 2 滴 2 mol/L HNO_3 溶液酸化，再滴加 0.1 mol/L $AgNO_3$ 溶液至卤化银沉淀完全，离心分离，弃去清液，用去离子水洗涤沉淀 2 次。向卤化银沉淀中加 2 mL 12%的$(NH_4)_2CO_3$溶液充分搅拌后，离心分离，将清液倒入另一支干净的试管中，用 2 mol/L HNO_3 溶液酸化，如有白色沉淀产生，表示清液中有 Cl^- 的存在。向沉淀中加 1 mL 6 mol/L HAc 溶液和少量锌粉(或锌粒)，加热，充分搅拌后，离心分离。吸取清液于另一支干净的试管中，加入 0.5 mL CCl_4，再逐滴滴入氯水，边加边摇荡试管，并观察 CCl_4 层颜色的变化，如 CCl_4 层显紫红色则表示有 I^- 存在。继续加入氯水至紫红色褪去，CCl_4 层由紫红色变为棕黄色或黄色，表示有 Br^- 存在。写出主要反应方程式。

5. 过氧化氢的性质

(1) 过氧化氢的氧化性。在离心试管中加入 1 mL 0.1 mol/L Na_2S 和 1 mL 0.1 mol/L $Pb(NO_3)_2$ 溶液，离心分离，弃去清液，水洗沉淀后加入 3% H_2O_2 溶液，观察现象，写出反应方程式。

(2) 过氧化氢的还原性。在试管中加入 1 mL 0.1 mol/L $AgNO_3$ 溶液，滴加 2 mol/L NaOH 溶液至有沉淀产生，再向试管中滴加 3% H_2O_2 溶液，有何现象？观察产物颜色有无变化，再用带火星的火柴检验有何种气体产生。

(3) 过氧化氢的催化分解。在两支试管中各加入 2 mL 3% H_2O_2 溶液，一支试管放在水浴锅上加热，有何现象？迅速用带火星的火柴放在试管口，有何变化？另一支试管中加少量固体 MnO_2，有何现象？迅速用带火星的火柴放在试管口，又有何变化？比较以上两种情况，说明 MnO_2 对 H_2O_2 的分解起什么作用？写出反应方程式。

(4) 过氧化氢的鉴定。取 3% H_2O_2 溶液和戊醇溶液(可用乙醚代替)各 0.5 mL 于试管中，加入 2 滴 2 mol/L H_2SO_4 溶液酸化，然后加入 3 滴 0.1 mol/L $K_2Cr_2O_7$ 溶液，摇荡试管，观察水层和戊醇层的颜色变化，写出反应方程式。该反应可用于鉴定 H_2O_2。

6. S^{2-}、SO_3^{2-} 的鉴定

(1) 在点滴板上加 1 滴 0.1 mol/L Na_2S 溶液和 1 滴 2 mol/L NaOH 溶液，再加 1 滴 1% $Na_2[Fe(CN)_5NO]$溶液，观察现象，写出反应方程式。该反应可用于鉴定 S^{2-}。

(2) 在试管中加 5 滴 0.1 mol/L Na_2S 溶液和 5 滴 2 mol/L HCl 溶液，立即用湿润的醋酸铅试纸检验试管口逸出的气体，写出反应方程式。该反应可用于鉴定 S^{2-}。

(3) 在点滴板上加入饱和 $ZnSO_4$ 溶液、0.1 mol/L $K_4[Fe(CN)_6]$溶液和 1% $Na_2[Fe(CN)_5NO]$溶液各 1 滴，再滴入 1 滴 2 mol/L $NH_3 \cdot H_2O$ 溶液将溶液调至中性，最后加 1 滴 0.1 mol/L Na_2SO_3 的溶液，用玻璃棒搅拌，观察现象，该反应可用于鉴定 SO_3^{2-}。

7. 硫代硫酸盐的性质

(1) 硫代硫酸的性质。在试管中加入 5 滴 0.1 mol/L $Na_2S_2O_3$ 溶液和 5 滴 2 mol/L HCl 溶液，摇荡试管后静止片刻，观察现象，并立即用湿润的蓝色石蕊试纸检验试管口逸出的气体，写出反应方程式。

(2) 硫代硫酸钠与 I_2 反应。取 5 滴 0.01 mol/L 碘水，加 1 滴 1% 淀粉溶液，观察现象。再逐滴加入 0.1 mol/L $Na_2S_2O_3$ 溶液，又有何变化？解释现象，写出反应方程式。

(3) 硫代硫酸钠的配位反应。在试管中加入 0.5 mL 0.1 mol/L $AgNO_3$ 溶液，然后连续滴加 0.1 mol/L $Na_2S_2O_3$ 溶液，边滴加边摇荡试管，直至生成的沉淀完全溶解，观察现象并解释。

(4) $S_2O_3^{2-}$ 的鉴定。在点滴板上加 1 滴 0.1 mol/L $Na_2S_2O_3$ 溶液和 1 滴 0.1 mol/L $AgNO_3$ 溶液，如有白色沉淀生成，并很快变为黄色、棕色，最后变为黑色，即表示有 $S_2O_3^{2-}$ 存在，该反应可鉴定 $S_2O_3^{2-}$。

8. 过二硫酸盐的氧化性

取 5 滴 0.1 mol/L $MnSO_4$ 溶液于试管中，加 4 mL 2 mol/L H_2SO_4 溶液，混匀后将溶液分装在两支试管中，在两支试管中均加入等量的少量 $K_2S_2O_8$ 固体，一支试管中加入 1 滴 0.1 mol/L $AgNO_3$ 溶液，另一支试管中不加入 1 滴 0.1 mol/L $AgNO_3$ 溶液，两支试管均放在水浴锅中加热片刻，观察溶液颜色有何变化。

五、思考题

1. 从电极电位说明为什么作为氧化剂卤素单质的强弱次序为：$Cl_2 > Br_2 > I_2$；而作为还原剂卤化氢的强弱次序为：HI>HBr>HCl。

2. 实验室长期放置的 Na_2S 溶液和 Na_2SO_3 溶液会发生什么变化？

3. 向 $KClO_3$ 晶体中滴加浓盐酸和向 $KClO_3$ 晶体中滴加稀盐酸，产物有何不同？

4. 鉴定 $S_2O_3^{2-}$ 时，$AgNO_3$ 溶液应过量，若 $Na_2S_2O_3$ 过量会出现什么现象？

5. 过二硫酸盐的氧化性实验中，加 $AgNO_3$ 起什么作用？

六、注意事项

1. H_2S、SO_2 均为有毒气体，实验时应在通风橱中进行，实验室内也要注意通风换气。

2. 浓硫酸有很强的腐蚀性，使用时应特别小心。

3. 氯气剧毒且有强烈的刺激性气味，吸入人体会刺激喉管引起咳嗽，所以应在通风橱中进行操作。

4. 检验反应逸出的气体，必须把所用的试纸用水润湿后再立即放在试管口，绝不能直接投入试管内。

实验十二　p 区元素Ⅱ（硼族、碳族和氮族元素）

一、实验目的

1. 掌握硼酸盐、碳酸盐、硅酸盐和磷酸盐的主要性质。

2. 掌握硝酸、亚硝酸及其盐的主要性质。

3. 掌握 CO_3^{2-}、NH_4^+、NO_2^-、NO_3^-、PO_4^{3-} 的鉴定方法。

二、实验原理

硼砂的水溶液因水解而呈碱性。硼砂溶液与酸反应可析出硼酸。硼酸是一元弱酸，它在水溶液中的解离不同于一般的一元弱酸。硼酸是 Lewis 酸，它能与多羟基醇发生加合反应，使溶液的酸性增强。

金属的硅酸盐多数难溶或微溶。当一些金属盐的晶体投入到 Na_2SiO_3 溶液中时，立即在晶体表面形成一层难溶的硅酸盐膜，此膜有半透膜性质。溶液中的水靠渗透压穿过膜进入晶体内部，金属盐溶解则撑破硅酸盐膜，当盐溶液一遇到 Na_2SiO_3 又立即生成一层难溶膜。如此反复进行，就长出颜色各异的“石笋”，宛如一座“水中花园”。

鉴定 NH_4^+ 的常用方法有两种：一是 NH_4^+ 与 OH^- 反应，生成的 NH_3 气使红色的石蕊试纸变蓝，二是 NH_4^+ 与奈斯勒(Nessler)试剂($K_2[HgI_4]$的碱性溶液)反应，生成红棕色沉淀。

亚硝酸极不稳定。亚硝酸盐溶液与强酸反应生成的亚硝酸分解为 N_2O_3 和 H_2O。N_2O_3 又能分解为 NO 和 NO_2。

亚硝酸盐中氮的氧化值为+3，在酸性溶液中作氧化剂，一般被还原为 NO；与强氧化剂作用时生成硝酸盐，NO_2^- 又表现出还原性。

浓硝酸与金属反应主要生成 NO_2，稀硝酸与金属反应通常生成 NO，活泼金属能将稀硝酸还原为 NH_4^+。

NO_2^- 与 $FeSO_4$ 溶液在 HAc 介质中反应生成棕色的$[Fe(NO)]^{2+}$，该方法用于鉴定 NO_2^-。

$$Fe^{2+} + NO_2^- + 2HAc \longrightarrow Fe^{3+} + NO + H_2O + 2Ac^-$$

$$Fe^{2+} + NO \longrightarrow [Fe(NO)]^{2+}$$

NO_3^- 与 $FeSO_4$ 溶液在浓 H_2SO_4 介质中反应生成棕色的$[Fe(NO)]^{2+}$，该方法用于鉴定 NO_3^-，称为“棕色环”法。

$$3Fe^{2+} + NO_3^- + 4H^+ \longrightarrow 3Fe^{3+} + NO + H_2O$$

$$Fe^{2+} + NO \longrightarrow [Fe(NO)]^{2+}$$

NO_2^- 的存在干扰 NO_3^- 的鉴定，加入尿素并加热，可除去 NO_2^- 的干扰。

$$2NO_2^- + CO(NH_2)_2 + 2H^+ \longrightarrow 2N_2 + CO_2 + 3H_2O$$

PO_4^{3-} 与$(NH_4)_2MoO_4$ 溶液在硝酸介质中反应，生成黄色的磷钼酸铵沉淀。该反应可用于鉴定 PO_4^{3-}。

三、仪器、药品及材料

仪器：点滴板、水浴锅、试管及试管架、酒精灯、玻璃棒、滤纸条、50ml 烧杯、洗瓶。

药品：6 mol/L HCl、2 mol/L HCl、浓 H_2SO_4、6 mol/L H_2SO_4、2 mol/L H_2SO_4、浓 HNO_3、2 mol/L HNO_3、6 mol/L HNO_3、2 mol/L HAc、2 mol/L NaOH、6 mol/L $NH_3 \cdot H_2O$、0.1 mol/L Na_2CO_3、1.0 mol/L Na_2CO_3、0.1 mol/L $NaHCO_3$、20% Na_2SiO_3、0.1 mol/L NH_4Cl、0.1 mol/L $NaNO_2$、1.0 mol/L $NaNO_2$、0.1 mol/L KI、0.01 mol/L $KMnO_4$、0.1 mol/L KNO_3、0.1 mol/L Na_3PO_4、0.1 mol/L Na_2HPO_4、0.1 mol/L NaH_2PO_4、0.1 mol/L $CaCl_2$、$Na_2B_4O_7 \cdot 10H_2O$(s)、H_3BO_3(s)、$Co(NO_3)_2 \cdot 6H_2O$(s)、$CaCl_2$(s)、$CuSO_4 \cdot 5H_2O$(s)、$ZnSO_4 \cdot 7H_2O$(s)、$Fe_2(SO_4)_3$(s)、$NiSO_4 \cdot 7H_2O$(s)、锌片、铜片、$FeSO_4 \cdot 7H_2O$(s)、$NaHCO_3$(s)、Na_2CO_3(s)、$MnSO_4$(s)、$FeCl_2$(s)、饱和石灰水、甘油、奈斯勒试剂、1% 淀粉溶液、0.1 mol/L$(NH_4)_2MoO_4$。

材料：pH 试纸、红色石蕊试纸、带导管的塞子、冰块。

四、实验步骤

1. 硼酸盐的性质

(1) 在试管中加入约 1 g 硼砂和 2 mL 去离子水，微热使其溶解，冷却至室温，用 pH 试纸测定溶液的 pH 值。然后加入用冰水冷冻过的 6 mol/L H_2SO_4 溶液 1 mL，片刻后观察现象。

(2) 取约 0.5 g 硼酸晶体于试管中，加 2 mL 去离子水，观察溶解情况。加热再观察溶解情况。冷却至室温，用 pH 试纸测其 pH 值。再向硼酸溶液中加入 2 滴甘油，混合均匀。再次测定溶液的 pH 值，写出反应方程式并加以解释。

2. 碳酸盐的性质

(1) 碳酸盐的水解作用。用 pH 试纸分别测定 0.1 mol/L Na_2CO_3 溶液和 0.1 mol/L $NaHCO_3$ 溶液的 pH 值。

(2) 碳酸盐的热稳定性。分别取少量 $NaHCO_3$ 和 Na_2CO_3 固体于试管中，分别加热，将生成的气体通入盛有饱和石灰水的试管中，观察饱和石灰水是否都变浑浊。为什么？

(3) CO_3^{2-} 的鉴定。在试管中加入 1 mL 1.0 mol/L Na_2CO_3 溶液，再加入 1 mL 2 mol/L HCl 溶液，立即将产生的气体通入饱和石灰水中。观察现象，写出反应方程式。

3. 硅酸盐的性质

(1) Na_2SiO_3 与酸反应。在试管中加入 1 mL 20%的 Na_2SiO_3 溶液，用 pH 试纸测其 pH 值。加热后逐滴加入 6 mol/L HCl 溶液，使溶液的 pH 值在 6～9 之间，观察硅酸凝胶的生成。

(2)"水中花园"实验。在 50 mL 烧杯中加入约 25 mL 20%的 Na_2SiO_3 溶液，然后分散投入 $CaCl_2$、$CuSO_4 \cdot 5H_2O$、$ZnSO_4 \cdot 7H_2O$、$Fe_2(SO_4)_3$、$Co(NO_3)_2 \cdot 6H_2O$、$NiSO_4 \cdot 7H_2O$、$MnSO_4$ 和 $FeCl_3$ 晶体各一小粒，静置 1 小时后观察现象。

4. NH_4^+ 的鉴定

(1) 在试管中加入 1 mL 0.1 mol/L NH_4Cl 溶液和 1 mL 2 mol/L NaOH 溶液，微热，用湿润的红色石蕊试纸在试管口检验逸出的 NH_3 气。

(2) 在滤纸条上加 1 滴奈斯勒试剂，代替红色石蕊试纸重复上述实验，观察现象。

5. 亚硝酸及其盐的性质

(1) 亚硝酸的生成与分解。把盛有 1 mL 1 mol/L $NaNO_2$ 溶液的试管放在冰水中冷却，然后滴加 6 mol/L H_2SO_4 溶液混合均匀，观察有无淡蓝色的亚硝酸生成。将试管从冰水中取出，室温放置一段时间，观察亚硝酸在室温下迅速分解，写出反应方程式。

(2) 亚硝酸盐的氧化性。取 2 滴 0.1 mol/L KI 溶液于试管中加水稀释至 1 mL，加数滴 2 mol/L H_2SO_4 溶液酸化后，滴入 2 滴 0.1 mol/L $NaNO_2$ 溶液，观察现象。再加 2 滴 1%淀粉溶液，又有何现象？写出反应方程式。

(3) 亚硝酸盐的还原性。取 1 mL 0.01 mol/L $KMnO_4$ 溶液于试管中，加数滴 2 mol/L H_2SO_4溶液酸化，然后逐滴加入 0.1 mol/L $NaNO_2$ 溶液，观察现象，写出反应方程式。

6. 硝酸的氧化性

(1) 在试管中放入 1 小块铜片，加入几滴浓硝酸，观察现象。迅速加水稀释，倒掉溶液，回收铜片，写出反应方程式。

(2) 在试管中放入 1 小块锌片，加入 1 mL 2 mol/L HNO_3 溶液，观察现象。检验溶液中是否有NH_4^+ 生成，写出反应方程式。

7. NO_2^- 和NO_3^- 的鉴定

(1) NO_2^- 的鉴定。取 1 滴 0.1 mol/L $NaNO_2$ 溶液于试管中，加水稀释至 1 mL，加少量

$FeSO_4\cdot 7H_2O$ 晶体,摇荡试管使其溶解,再加数滴 2 mol/L HAc 溶液,观察现象,写出反应方程式。

(2) NO_3^- 的鉴定。取 1 mL 0.1 mol/L KNO_3 溶液,加入少量 $FeSO_4\cdot 7H_2O$ 晶体,摇荡试管使其溶解。然后斜持试管,沿着管壁慢慢地滴入浓 H_2SO_4,由于浓硫酸比重比上述液体大,流入试管底部形成两层,这时可观察到两层液体界面处有一个“棕色环”。

8. 磷酸盐的性质

(1) 磷酸盐的酸碱性。取三支试管分别加入 0.1 mol/L Na_3PO_4 溶液、0.1 mol/L Na_2HPO_4溶液和 0.1 mol/L NaH_2PO_4 溶液各 1 mL,用 pH 试纸分别测定其 pH 值。解释这些溶液的酸碱性为何不同?

(2) 磷酸钙盐的生成和性质。在三支试管中各加入 5 滴 0.1 mol/L $CaCl_2$ 溶液,再分别滴加 0.1 mol/L Na_3PO_4 溶液、0.1 mol/L Na_2HPO_4 溶液和 0.1 mol/L NaH_2PO_4 溶液,观察有无沉淀生成。在没有沉淀生成的试管中再加几滴 6 mol/L $NH_3\cdot H_2O$,又有何现象产生?最后在三支试管中各加入几滴 2 mol/L HCl 溶液,又有何变化?解释现象。

(3) PO_4^{3-} 的鉴定。取 5 滴 0.1 mol/L Na_3PO_4 溶液,加 5 滴 6 mol/L HNO_3 和 5 滴 0.1 mol/L$(NH_4)_2MoO_4$ 溶液,加热后观察现象,写出反应方程式。

五、思考题

1. 硼酸溶液中加入甘油后,为什么溶液酸性会增强?

2. 为什么不能用带磨口玻璃塞的器皿储存碱液?

3. 如何用简单的方法区别硼砂、碳酸钠和硅酸钠?

4. 鉴定 NH_4^+ 时,为什么将奈斯勒试剂滴在滤纸上检验逸出的 NH_3 气,而不是将奈斯勒试剂直接加到含 NH_4^+ 的溶液中?

5. NO_2^- 也能起棕色环反应而干扰 NO_3^- 的鉴定,怎样消除 NO_2^- 对 NO_3^- 的干扰?

6. 用钼酸铵试剂鉴定 PO_4^{3-} 时为什么要在硝酸介质中进行?

六、注意事项

1. 为防止硝酸分解,最好盛在棕色瓶内,并放在阴暗、温度低的地方。瓶塞勿用橡皮塞,以防与硝酸蒸气作用变硬。

2. “水中花园”实验中,晶体要分开放。在景观生成过程中,不要挪动烧杯,以免破坏景观。实验完毕,立即洗净烧杯,以免溶液腐蚀烧杯。

3. 亚硝酸及其盐均有毒,注意勿引入口内!

4. 除一氧化二氮外,所有的氮氧化物均有毒,其中 NO_2 对人体危害最大。每升空气中不得超过 0.005 g。由于硝酸的分解产物或还原产物多为氮的氧化物,所以涉及硝酸的反应均在通风橱内进行。

实验十三　主族金属元素(锡、铅、锑、铋)

一、实验目的

1. 掌握锡、铅、锑、铋低价态氢氧化物的酸碱性及其盐的水解性。
2. 掌握锡、铅、锑、铋化合物的氧化还原性。
3. 掌握锡、铅、锑、铋硫化物的溶解性和硫代酸盐的生成及性质。
4. 掌握 Pb^{2+} 难溶盐的生成与溶解。
5. 掌握 Sn^{2+}、Pb^{2+}、Sb^{3+}、Bi^{3+} 离子的鉴定方法。

二、实验原理

Sn、Pb、Sb、Bi 分别是周期表中第ⅣA、ⅤA 族中的金属元素，它们是 p 区元素中有代表性的金属元素。Sn 和 Pb 原子的价层电子构型为 ns^2np^2，能形成氧化值为 +2 和 +4 的化合物。Sb 和 Bi 原子的价层电子构型为 ns^2np^3，能形成氧化值为 +3 和 +5 的化合物。

这些金属能形成两种价态的氢氧化物。低氧化态的氢氧化物中 $Sn(OH)_2$、$Pb(OH)_2$ 和 $Sb(OH)_3$ 都是两性氢氧化物，只有 $Bi(OH)_3$ 为碱性氢氧化物。相应低价态的盐除 Pb^{2+} 水解不显著外，Sn^{2+}、Sb^{3+} 和 Bi^{3+} 的盐在水溶液中都发生显著的水解反应，其水解产物为碱式盐的沉淀，所以在配制它们的盐溶液时，应加入足够量相应的酸抑制碱式盐沉淀的生成。

从氧化值的稳定性来看，Sn^{4+} 的稳定性大于 Sn^{2+}，Pb^{2+} 的稳定性大于 Pb^{4+}，故 Sn^{2+} 的化合物具有较强的还原性。$SnCl_2$ 是实验室常用的还原剂，PbO_2 是常用的强氧化剂。例如，$SnCl_2$ 可将 $HgCl_2$ 还原为 Hg_2Cl_2，随着 $SnCl_2$ 溶液的加入，并进一步将 Hg_2Cl_2 还原为单质 Hg，出现灰黑色沉淀，这一反应可用来鉴定 Hg^{2+} 或 Sn^{2+}。在碱性介质中 $[Sn(OH)_4]^{2-}$（或 SnO_2^{2-}）的还原性更强，例如在碱性溶液中 SnO_2^{2-} 可将 Bi^{3+} 还原成黑色的金属铋，该反应可用于鉴定 Bi^{3+}。PbO_2 和 $NaBiO_3$ 都是强氧化剂，在硝酸介质中它们都能将 Mn^{2+} 氧化为 MnO_4^-，这两个反应都可用来鉴定 Mn^{2+}。Sb^{3+} 可以被 Sn 还原为单质 Sb，这一反应可用于鉴定 Sb^{3+}。

锡、铅、锑、铋各价态的硫化物（PbS_2 不存在）都具有如下特征的颜色：

SnS	SnS_2	PbS	Sb_2S_3	Bi_2S_3
棕色	黄色	黑色	橙红色	黑色

它们都难溶于水和稀盐酸，但能溶于较浓的盐酸。其中 SnS_2 和 Sb_2S_3 还能溶于 NaOH 溶液或 Na_2S 溶液，生成相应的硫代酸盐而溶解。硫代酸盐很不稳定，遇酸即分解为 H_2S 气体并生成相应的硫化物沉淀。

Pb^{2+} 有多种难溶盐，且有特征的颜色，如：$PbCrO_4$（黄）、PbI_2（黄）、$PbSO_4$（白）、PbS（黑），其中 $PbCrO_4$ 的 K_{sp} 最小，又有特征的颜色，故常用于鉴定 Pb^{2+}。

三、仪器、药品及材料

仪器:酒精灯、水浴锅、离心机、玻璃棒、试管、试管架、点滴板。

药品:2 mol/L H_2SO_4、2 mol/L HCl、6 mol/L HCl、2 mol/L HNO_3、6 mol/L HNO_3、浓 HNO_3、2 mol/L HAc、2 mol/L NaOH、6 mol/L NaOH、0.1 mol/L $SnCl_2$、0.1 mol/L $SnCl_4$、0.1 mol/L $Pb(NO_3)_2$、0.1 mol/L $SbCl_3$、0.1 mol/L $BiCl_3$、0.1 mol/L $HgCl_2$、0.1 mol/L $MnSO_4$、0.1 mol/L Na_2S、0.5 mol/L Na_2S、0.1 mol/L KI、2 mol/L KI、0.1 mol/L K_2CrO_4、NH_4AC(饱和溶液)、0.1 mol/L $AgNO_3$、2 mol/L $NH_3 \cdot H_2O$、锡片、$SnCl_2$(s)、$SbCl_3$(s)、$BiCl_3$(s)、PbO_2(s)、$NaBiO_3$(s)。

材料:药匙。

四、实验步骤

1. 锡、锑、铋低价态盐的水解性

于三支试管中分别放入少量 $SnCl_2$、$SbCl_3$ 和 $BiCl_3$ 固体,加入1~2 mL 去离子水,观察其水解情况。在水解产物中分别缓慢滴加 6 mol/L HCl 溶液,沉淀是否溶解? 再分别加水稀释,又有何变化? 写出反应方程式。

2. 锡、铅、锑、铋低价态氢氧化物的酸碱性

往四支试管中分别加入 10 滴 0.1 mol/L $SnCl_2$、0.1 mol/L $Pb(NO_3)_2$、0.1 mol/L $SbCl_3$ 和 0.1 mol/L $BiCl_3$ 溶液,再向各试管中逐滴加入 2 mol/L NaOH 溶液,制得白色沉淀。将沉淀各分成两份,用实验证明它们是否具有两性。写出反应方程式。

3. 锡、铅、锑、铋化合物的氧化还原性

(1) $SnCl_2$ 的还原性

① 取 1 滴 0.1 mol/L $HgCl_2$ 溶液,逐滴加入 0.1 mol/L $SnCl_2$ 溶液,观察有何变化。随着 $SnCl_2$ 溶液的逐渐加入,又有什么变化? 写出反应方程式。该反应可用于鉴定 Sn^2 或 Hg^{2+}。

② 往亚锡酸钠溶液(自己配制)中,加入 0.1 mol/L $BiCl_3$ 溶液,观察现象,写出反应方程式。该反应可用来鉴定 Bi^{3+}。

(2) PbO_2 的氧化性。取 2 滴 0.1 mol/L $MnSO_4$ 溶液,加入 1 mL 6 mol/L HNO_3 溶液,然后加入少量 PbO_2 固体,微热后静置片刻,观察现象,写出反应方程式。

(3) $NaBiO_3$ 的氧化性。取 2 滴 0.1 mol/L $MnSO_4$ 溶液,加入 1 mL 6 mol/L HNO_3 溶液,再加入少量固体 $NaBiO_3$,微热,观察现象,写出反应方程式。

(4) $SbCl_3$ 的氧化性。在一小片光亮的锡片上滴加 1 滴 0.1 mol/L $SbCl_3$ 的溶液,观察锡片的颜色变化,写出反应方程式。该反应可用来鉴定 Sb^{3+}。

(5) $SbCl_3$ 的还原性。取 2 滴 0.1 mol/L $SbCl_3$ 的溶液,加入 6 mol/L NaOH 溶液至过量(得$[Sb(OH)_4]^-$),然后加 0.1 mol/L $AgNO_3$ 和 2 mol/L $NH_3 \cdot H_2O$ 的混合液(混合液为$[Ag(NH_3)_2]^+$),加热,观察现象,写出反应方程式。该反应可用来鉴定 Sb^{3+}。

比较以上 5 个实验,你对锡、铅、锑、铋各价态的氧化还原性有何认识?

4. 锡、铅、锑、铋硫化物的生成与溶解

往五支离心试管中分别加入 1 mL 0.1 mol/L $SnCl_2$、0.1 mol/L $SnCl_4$、0.1 mol/L $Pb(NO_3)_2$、0.1 mol/L $SbCl_3$ 和 0.1 mol/L $BiCl_3$ 溶液，然后再分别滴入 0.1 mol/L Na_2S 溶液、观察沉淀的颜色。离心分离，弃去清液，用少量蒸馏水洗涤沉淀 1～2 次，检验各沉淀能否溶于2 mol/L HCl 溶液？检验各沉淀能否溶于 6 mol/L HCl 溶液？检验 SnS_2 和 Sb_2S_3 沉淀能否溶于 2 mol/L NaOH 溶液？检验 SnS_2 和 Sb_2S_3 沉淀能否溶于 0.5 mol/L Na_2S 溶液？如沉淀溶解，再用稀 HCl 酸化，观察又有何变化？写出反应方程式。比较它们硫化物的性质。

5. Pb^{2+} 难溶盐的生成与溶解

在四支试管中各加入 10 滴 0.1 mol/L $Pb(NO_3)_2$ 溶液，然后分别加入 2 mol/L HCl 溶液、2 mol/L H_2SO_4 溶液、0.1 mol/L KI 溶液和 0.1 mol/L K_2CrO_4 溶液，观察沉淀的颜色。

(1) 将第一支试管中的 $PbCl_2$ 沉淀连同溶液一起加热，沉淀是否溶解？再把溶液冷却，又有什么变化？说明之。

(2) 检验第二支试管中的 $PbSO_4$ 沉淀能否溶于饱和 NH_4AC 溶液。

(3) 检验第三支试管中的 PbI_2 沉淀能否溶于 2 mol/L KI 溶液。

(4) 检验第四支试管中的 $PbCrO_4$ 沉淀能否溶于浓 HNO_3 或 6 mol/L NaOH 溶液。

6. 混合离子的分离与鉴定

(1) 取 0.1 mol/L $SnCl_2$ 溶液和 0.1 mol/L $Pb(NO_3)_2$ 溶液各 5 滴，混合后自己设计分离鉴定方案，并试验之，写出现象和反应方程式。

(2) 取 0.1 mol/L $SbCl_3$ 溶液和 0.1 mol/L $BiCl_3$ 溶液各 5 滴，混合后自己设计分离鉴定方案，并试验之，写出现象和反应方程式。

五、思考题

1. 如何鉴别 $SnCl_4$ 和 $SnCl_2$？
2. 怎样配制 $SnCl_2$、$SbCl_3$ 和 $BiCl_3$ 溶液？怎样制取亚锡酸钠溶液？
3. SnS 能否溶于 Na_2S 溶液？哪些硫化物能溶于硫化钠溶液中？
4. 用 PbO_2、$NaBiO_3$ 与 $MnSO_4$ 溶液反应时为什么用硝酸酸化而不用盐酸酸化？
5. 比较锡、铅氢氧化物的酸碱性；比较锑、铋氢氧化物的酸碱性。
6. 比较锡、铅化合物的氧化还原性；比较锑、铋化合物的氧化还原性。
7. 总结锡、铅、锑、铋硫化物的溶解性，说明它们与相应的氢氧化物的酸碱性有何联系。

六、注意事项

在 Na_2S 固体试剂中往往含有多硫化物。硫化钠溶液随着放置时间的延长，多硫化钠的含量会逐渐增加。Na_2S 溶液最好是现配制现用，其方法是在 2 mol/L NaOH 溶液中通入 H_2S 气体，注意溶液与空气接触面尽量要小，否则会产生多硫化物，在通 H_2S 气体时应随时检查，是否产生了明显的多硫化物。其方法是取几滴现配制的 Na_2S 溶液，然后滴加 6 mol/L HCl，如出现浑浊，说明 Na_2S 溶液中含有多硫化物，如没有出现混浊，说明 Na_2S 溶液中没有多硫化物。

实验十四　d区元素Ⅰ(铬、锰、铁、钴、镍)

一、实验目的

1. 掌握铬、锰、铁、钴、镍氢氧化物的酸碱性和氧化还原性。
2. 掌握铬、锰、铁重要氧化态化合物的生成及各种氧化态之间的转化反应和条件。
3. 掌握铁、钴、镍配合物的生成和性质。
4. 掌握 Cr^{3+}、Mn^{2+}、Fe^{2+}、Fe^{3+}、Co^{2+}、Ni^{2+} 离子的鉴定方法。

二、实验原理

铬、锰、铁、钴、镍是周期系第四周期第ⅥB～Ⅷ族元素，它们都有可变的氧化态。铬以 +3 和 +6 为稳定；锰以 +2、+4、+6 和 +7 为常见；铁、钴、镍常见的氧化态为 +2 和 +3。

$Cr(OH)_3$ 是典型的两性氢氧化物。$Mn(OH)_2$ 和 $Fe(OH)_2$ 都很容易被空气中的 O_2 氧化，$Co(OH)_2$ 也能被空气中的 O_2 慢慢氧化。$Co(OH)_3$ 和 $Ni(OH)_3$ 通常分别由 Co(Ⅱ)和 Ni(Ⅱ)的盐在碱性条件下用强氧化剂(如溴水)氧化得到。Co^{3+} 和 Ni^{3+} 都具有强氧化性，$Co(OH)_3$、$Ni(OH)_3$ 与浓盐酸反应分别生成 Co(Ⅱ)和 Ni(Ⅱ)，并放出氯气。

酸性介质中，Cr^{3+} 和 Mn^{2+} 还原性都较弱，只有用强氧化剂才能将它们分别氧化为 $Cr_2O_7^{2-}$ 和 MnO_4^-。

Cr^{3+} 在碱性介质中具有较强的还原性，易被强氧化剂如 H_2O_2 氧化为黄色 CrO_4^{2-}。

Cr^{6+} 在酸性介质中具有较强的氧化性，铬酸盐和重铬酸盐在水溶液中有如下平衡：

$$2CrO_4^{2-} + 2H^+ \rightleftharpoons Cr_2O_7^{2-} + H_2O$$

在酸性介质中平衡向右移动，碱性介质中平衡向左移动。因 CrO_4^{2-} 与 $Cr_2O_7^{2-}$ 在溶液中存在平衡关系，又 Ag^+、Pb^{2+} 和 Ba^{2+} 重铬酸盐的溶解度比铬酸盐的溶解度大，因此，向 $K_2Cr_2O_7$ 溶液中加入 Ag^+、Pb^{2+} 和 Ba^{2+} 时，根据平衡移动规则，通常生成相应的铬酸盐沉淀。

在酸性介质中，铬酸盐和重铬酸盐都是强氧化剂，易被还原成 Cr^{3+}。$Cr_2O_7^{2-}$ 与 H_2O_2 反应能生成深蓝色的 CrO_5，CrO_5 在戊醇(或乙醚)中稳定，该反应可用来鉴定 $Cr_2O_7^{2-}$ 或 Cr^{3+}。

Mn^{6+} 的重要化合物是 K_2MnO_4，在强碱条件下，强氧化剂 $KMnO_4$ 能把 MnO_2 氧化成绿色的 MnO_4^{2-}，MnO_4^{2-} 只有在强碱溶液中才能稳定存在，在酸性或中性溶液中，MnO_4^{2-} 即发生歧化反应，生成紫色的 MnO_4^- 和棕黑色的 MnO_2。

Mn^{7+} 的重要化合物是 $KMnO_4$，它是一种强氧化剂，其还原产物随介质不同而不同。MnO_4^- 在酸性、中性和强碱性介质中的还原产物分别为 Mn^{2+}、MnO_2 沉淀和 MnO_4^{2-}。

在硝酸溶液中，Mn^{2+} 被 $NaBiO_3$ 氧化成紫色的 MnO_4^-，该反应可以鉴定 Mn^{2+}。

铁、钴、镍都具有较强的配位能力，能形成多种配合物，其中以钴最典型。常见的配体有 NH_3、CN^-、SCN^- 和 F^- 等。氨配合物的稳定性按 Fe^{3+}、Co^{2+} 和 Ni^{2+} 顺序增强。Fe^{2+} 和 Fe^{3+}

难以形成稳定的氨配合物，它们与氨水反应生成相应的氢氧化物沉淀。Co^{2+} 与氨形成土黄色的$[Co(NH_3)_6]^{2+}$，$[Co(NH_3)_6]^{2+}$ 易被空气中的氧氧化成红褐色的$[Co(NH_3)_6]^{3+}$。Ni^{2+} 与氨的配合物$[Ni(NH_3)_6]^{2+}$ 是稳定的，不存在 Ni^{3+} 的氨配合物。Fe^{3+} 与 SCN^- 形成血红色配合物$[Fe(SCN)_n]^{3-n}$，反应灵敏，常用来鉴定 Fe^{3+}。Co^{2+} 与 SCN^- 反应，生成不稳定的蓝色的$[Co(NCS)_4]^{2-}$ 配合物，该配合物在丙酮等有机溶剂中较稳定，此反应可用于鉴定 Co^{2+}，但在鉴定前需将 Fe^{3+} 分离出去或掩蔽起来。Fe^{3+} 和 Fe^{2+} 都有很稳定的铁氰配合物，Fe^{3+} 与亚铁氰化钾 $K_4[Fe(CN)_6]$（黄血盐）溶液反应生成深蓝色沉淀或溶胶（普鲁氏蓝 Prussian）。Fe^{2+} 与铁氰化钾 $K_3[Fe(CN)_6]$（赤血盐）溶液反应也生成深蓝色沉淀或溶胶（藤氏蓝 Turnbull's）。常用此反应鉴定 Fe^{3+} 和 Fe^{2+}。Ni^{2+} 在 $pH=5\sim10$ 的介质中与丁二酮肟反应，生成鲜红色的螯合物沉淀，$pH=7.5\sim8.1$ 定量沉淀。此沉淀溶于强酸、强碱和浓氨水，所以鉴定 Ni^{2+} 应在 NH_4^+ 存在的氨性介质中进行。Fe^{2+} 也有类似的反应，干扰 Ni^{2+} 的鉴定，应当预先除去。

三、仪器、药品及材料

仪器：酒精灯、水浴锅、离心机、试管、试管架、点滴板。

药品：2 mol/L HCl、浓 HCl、2 mol/L H_2SO_4、6 mol/L HNO_3、2 mol/L NaOH、6 mol/L NaOH、40%NaOH、2 mol/L $NH_3\cdot H_2O$、0.1 mol/L $MnSO_4$、0.1 mol/L $CrCl_3$、0.1 mol/L $K_2Cr_2O_7$、0.01 mol/L $KMnO_4$、0.1 mol/L $BaCl_2$、0.1 mol/L $FeCl_3$、0.1 mol/L $CoCl_2$、0.1 mol/L $FeSO_4$、0.1 mol/L Na_2SO_3、0.1 mol/L KI、0.1 mol/L $NiSO_4$、0.1 mol/L $K_4[Fe(CN)_6]$、0.1 mol/L $K_3[Fe(CN)_6]$、MnO_2(s)、$NaBiO_3$(s)、$FeSO_4\cdot 7H_2O$(s)、KSCN(s)、戊醇（或乙醚）、3% H_2O_2、溴水、丙酮、1%丁二酮肟酒精溶液、乙醇、1%淀粉溶液、Cr^{3+} 和 Mn^{2+} 的混合液、Ni^{2+} 和 Fe^{3+} 的混合液。

材料：淀粉-碘化钾试纸、醋酸铅试纸、长滴管。

四、实验步骤

1. 铬、锰、铁、钴、镍氢氧化物的酸碱性及低价氢氧化物还原性和高价氢氧化物氧化性

(1) $Cr(OH)_3$ 的性质。在两支试管中各加入 5 滴 0.1 mol/L $CrCl_3$ 溶液，然后逐滴加入 2 mol/L NaOH 溶液，观察沉淀的颜色。向一支试管中加入 2 mol/L HCl 溶液检验 $Cr(OH)_3$ 的碱性，向另一支试管中加入 2 mol/L NaOH 溶液检验 $Cr(OH)_3$ 的酸性，观察现象，写出反应方程式。

(2) $Mn(OH)_2$ 的性质。在三支试管中各加入 5 滴 0.1 mol/L $MnSO_4$ 溶液，然后逐滴加入 2 mol/L NaOH 溶液至沉淀完全，观察沉淀的颜色。一份迅速检验 $Mn(OH)_2$ 是否呈碱性，一份迅速检验 $Mn(OH)_2$ 是否呈酸性，还有一份沉淀在空气中放置一段时间，观察沉淀颜色的变化并解释现象，写出反应方程式。

(3) $Fe(OH)_2$ 的性质。在一支试管中加入 2mL 去离子水和 2 滴 2 mol/L H_2SO_4 溶液，煮沸片刻（为什么?），然后加入一小粒 $FeSO_4\cdot 7H_2O$ 晶体使其溶解。同时在另一支试管中煮沸 1 mL 2 mol/L NaOH 溶液，冷却后用长滴管吸取 0.5 mL NaOH 溶液，迅速插入 Fe^{2+} 溶液

底部，慢慢地挤出 NaOH 溶液(整个操作都要避免将空气带入溶液)，观察沉淀的颜色。将该沉淀分成三份，两份迅速检验 $Fe(OH)_2$ 酸碱性。第三份沉淀在空气中放置一段时间，观察沉淀颜色的变化，写出反应方程式。

(4) $Co(OH)_2$ 的性质。在三支试管中各加入 5 滴 0.1 mol/L $CoCl_2$ 溶液，然后逐滴加入 6 mol/L NaOH 溶液，注意观察所生成沉淀的颜色。迅速检验第一、第二支试管中 $Co(OH)_2$ 的酸碱性。第三支试管中的沉淀在空气中放置一段时间，观察沉淀颜色有何变化，写出反应方程式。

(5) $Ni(OH)_2$ 的性质。在三支试管中各加入 5 滴 0.1 mol/L $NiSO_4$ 溶液，然后逐滴加入 2 mol/L NaOH 溶液，观察沉淀颜色。迅速检验第一、第二支试管中 $Ni(OH)_2$ 酸碱性。第三支试管中的沉淀在空气中放置一段时间，观察沉淀颜色是否变化，写出反应方程式。

根据以上实验结果，对 +2 价铁、钴、镍氢氧化物的酸碱性和还原性作一总结。

(6) $Fe(OH)_3$ 的性质。在两支试管中各加入 5 滴 0.1 mol/L $FeCl_3$ 溶液，然后逐滴加入 2 mol/L NaOH 溶液，观察沉淀的颜色和状态。向一支试管中加入 2 mol/L HCI 溶液检验 $Fe(OH)_3$ 是否呈碱性；向另一支试管中加入 2 mol/L NaOH 溶液检验 $Fe(OH)_3$ 是否呈酸性，观察现象，写出反应方程式。

(7) $Co(OH)_3$ 的性质。取 1 mL 0.1 mol/L $CoCl_2$ 溶液于试管中，加几滴溴水，再加入 2 mol/L NaOH 溶液，观察所生成沉淀的颜色。离心分离，弃去清液，在沉淀中加入 0.5 mL 浓 HCl，微热，用湿润的淀粉-碘化钾试纸检验试管口逸出的气体。解释该现象，写出反应方程式。

(8) $Ni(OH)_3$ 的性质。取 1 mL 0.1 mol/L $NiSO_4$ 溶液于试管中，加几滴溴水，再加入 2 mol/L NaOH 溶液，观察沉淀的颜色。离心分离，弃去清液，在沉淀中加入 0.5 mL 浓 HCl，用湿润的淀粉-碘化钾试纸检验试管口逸出的气体，写出反应方程式。

由实验(6)～(8)，比较 +3 价铁、钴、镍氢氧化物的氧化性。

2. 铬化合物的重要性质

(1) Cr^{3+} 的还原性和 Cr^{3+} 的鉴定。在试管中加入 3 滴 0.1 mol/L $CrCl_3$ 溶液，逐滴加入 6 mol/L NaOH 溶液至生成的沉淀溶解，再滴加 3 滴 3% 的 H_2O_2 溶液，加热，观察溶液颜色的变化，解释现象并写出反应方程式。待试管冷却后，加 0.5 mL 戊醇(或乙醚)，然后慢慢地加入 6 mol/L HNO_3 溶液酸化，再补加 2 滴 3% 的 H_2O_2 溶液，摇荡试管，观察戊醇(或乙醚)层颜色，解释现象并写出反应方程式。此反应可鉴定 Cr^{3+} 或 $Cr_2O_7^{2-}$。

(2) $Cr_2O_7^{2-}$ 和 CrO_4^{2-} 的相互转化

① 取 5 滴 0.1 mol/L $K_2Cr_2O_7$ 溶液，滴加少许 2 mol/L NaOH 溶液，观察溶液颜色的变化。再滴入 2 mol/L H_2SO_4 溶液酸化，又有何变化？解释现象，写出 $Cr_2O_7^{2-}$ 和 CrO_4^{2-} 之间的平衡反应方程式。

② 在试管中加入 5 滴 0.1 mol/L $K_2Cr_2O_7$ 溶液，再加入 5 滴 0.1 mol/L $BaCl_2$ 溶液，有何现象产生？为什么得到的沉淀不是 $BaCr_2O_7$？

(3) Cr^{6+} 的氧化性

① 取 5 滴 0.1 mol/L $K_2Cr_2O_7$ 溶液于试管中，加 5 滴 2 mol/L H_2SO_4 溶液酸化，再加入数滴 0.1 mol/L Na_2SO_3 溶液，观察溶液颜色变化，写出反应方程式。

② 取5滴0.1 mol/L $K_2Cr_2O_7$ 溶液于试管中，加5滴2 mol/L H_2SO_4 溶液酸化，再滴加少量乙醇，微热，观察溶液由橙色变为什么颜色，写出反应方程式。该反应可根据颜色的变化，定性检查人呼出的气体和血液中是否含有酒精，以判断是否酒后驾车或酒精中毒。

3. 锰化合物的重要性质

(1) Mn^{4+} 化合物的生成。取10滴0.01 mol/L $KMnO_4$ 溶液，滴加0.1 mol/L $MnSO_4$ 溶液，观察是否有沉淀生成。

(2) Mn^{6+} 化合物的生成。取1 mL 0.01 mol/L $KMnO_4$ 溶液于试管中，加入1 mL 40%的NaOH溶液，再加入少量固体 MnO_2，加热后静置片刻，待 MnO_2 沉淀后，观察上层清液的颜色。取上层清液于另一支试管中，加2 mol/L H_2SO_4 溶液酸化，观察溶液颜色的变化和沉淀的生成。写出反应方程式。通过该实验说明 MnO_4^{2-} 的存在条件是什么？

(3) $KMnO_4$ 还原产物和介质的关系。在三支试管中各加入2滴0.01 mol/L $KMnO_4$ 溶液，再分别加1滴2 mol/L H_2SO_4 溶液、1滴去离子水和1滴2 mol/L NaOH溶液，然后各加2滴0.1 mol/L Na_2SO_3 溶液，观察各试管中发生的现象，写出反应方程式。说明 $KMnO_4$ 还原产物和介质的关系。

(4) Mn^{2+} 的鉴定。取1 mL 0.1 mol/L $MnSO_4$ 于试管中，加5滴6 mol/L HNO_3 酸化（或 H_2SO_4，为什么不能用HCl），然后加少量 $NaBiO_3$ 固体，加热，如上层清液呈紫色，表示有 Mn^{2+} 存在。

4. 铁化合物的重要性质

(1) Fe^{2+} 的还原性。取1 mL 0.1 mol/L $FeSO_4$ 溶液于试管中，加2滴2 mol/L H_2SO_4 溶液酸化，然后滴加0.01 mol/L $KMnO_4$ 溶液，观察溶液颜色的变化，写出反应方程式。

(2) Fe^{3+} 的氧化性。取1 mL 0.1 mol/L $FeCl_3$ 溶液于试管中，加入1 mL 0.1 mol/L KI溶液，观察溶液颜色的变化。再加1滴1%的淀粉溶液，溶液颜色又有何变化？写出反应方程式。

(3) Fe^{2+} 配合物及鉴定。取1滴0.1 mol/L $FeSO_4$ 溶液于白色点滴板上，加1滴2 mol/L HCl溶液酸化，然后加1滴0.1 mol/L $K_3[Fe(CN)_6]$（赤血盐）溶液，观察沉淀颜色，此反应可用来鉴定 Fe^{2+}。

(4) Fe^{3+} 配合物及鉴定。取1滴0.1 mol/L $FeCl_3$ 溶液于白色点滴板上，加1滴2 mol/L HCl溶液酸化，然后加1滴0.1 mol/L $K_4[Fe(CN)_6]$（黄血盐）溶液，观察沉淀颜色，此反应可用来鉴定 Fe^{3+}。

5. 钴和镍的配合物及鉴定

(1) Co^{2+} 配合物及鉴定。取1 mL 0.1 mol/L $CoCl_2$ 溶液于试管中，加入少量KSCN晶体，观察晶体周围的颜色。再加入0.5 mL丙酮，观察水相和有机相的颜色，此反应可用来鉴定 Co^{2+}。

(2) Ni^{2+} 配合物及鉴定。取1 mL 0.1 mol/L $NiSO_4$ 溶液于试管中，滴加2 mol/L $NH_3 \cdot H_2O$ 溶液，观察现象。再加2滴1%的丁二酮肟酒精溶液，溶液的颜色又有何变化。此反应可用来鉴定 Ni^{2+}。

6. 混合离子的分离与鉴定

(1) 有一瓶含有 Fe^{3+} 和 Ni^{2+} 的混合溶液，先用分离示意图分离，再进行鉴定。

(2) 有一瓶含有 Cr^{3+} 和 Mn^{2+} 的混合溶液，先用分离示意图分离，再进行鉴定。

五、思考题

1. 怎样分离混合溶液中的 Pb^{2+}、Fe^{3+} 和 Co^{2+}？

2. 哪个实验说明锰发生自身氧化还原反应？其介质条件如何？

3. Cr^{6+} 做氧化剂时的介质条件是什么？在选用介质时应考虑什么问题？

4. 在制备 $Fe(OH)_2$ 实验中，为什么蒸馏水和 NaOH 溶液都要预先煮沸以赶尽空气？

5. 用赤血盐 $K_3[Fe(CN)_6]$ 检验 Fe^{2+} 或用黄血盐 $K_4[Fe(CN)_6]$ 检验 Fe^{3+} 时，为什么要加 1 滴 2 mol/L HCl？

6. 为什么 Fe^{3+} 比 Fe^{2+} 化合物稳定？

六、注意事项

1. Cr^{3+} 的还原性实验要在强碱条件下进行。

2. K_2MnO_4 存在于强碱溶液中，所以实验中要保证溶液足够的碱度。

3. 鉴定 Cr^{3+} 或 $Cr_2O_7^{2-}$ 实验中，最后加硝酸时要加足，使溶液呈酸性。

4. $KMnO_4$ 在酸性介质中被还原成无色的 Mn^{2+}，如溶液呈棕色，说明溶液酸度不够。

5. 溴水有较强的腐蚀性，应避免与皮肤接触；溴蒸气有很强的刺激作用，所以使用时应在通风橱中进行。

实验十五　d 区元素 Ⅱ（铜、银、锌、镉、汞）

一、实验目的

1. 掌握铜、银、锌、镉、汞氢氧化物和氧化物的酸碱性。

2. 掌握铜、银、锌、铜、汞氨合物的生成。

3. 掌握铜、银、锌、镉、汞硫化物的生成与溶解性。

4. 掌握 Cu^{2+}、Ag^{+}、Zn^{2+}、Cd^{2+}、Hg^{2+} 的鉴定方法。

二、实验原理

铜和银是周期系第 IB 族元素，价层电子构型分别为 $3d^{10}4s^1$ 和 $4d^{10}5s^1$。铜的重要氧化值为 +1 和 +2，银主要形成氧化值为 +1 的化合物。

锌、镉、汞是周期系第 IIB 族元素，价层电子构型为 $(n-1)d^{10}ns^2$，它们都形成氧化值为 +2的化合物，汞还能形成氧化值为 +1 的化合物。

$Zn(OH)_2$ 是两性氢氧化物。$Cu(OH)_2$ 两性偏碱，能溶于较浓的 NaOH 溶液。$Cu(OH)_2$ 的热稳定性差，受热分解为 CuO 和 H_2O。$Cd(OH)_2$ 是碱性氢氧化物。AgOH 和 $Hg(OH)_2$ 极易脱水变成相应的氧化物。

Cu^{2+}、Ag^{+}、Zn^{2+}、Cd^{2+}、Hg^{2+} 都能形成氨合物。$[Cu(NH_3)_2]^{+}$ 是无色的，易被空气中的 O_2 氧化为深蓝色的 $[Cu(NH_3)_4]^{2+}$。Cu^{2+}、Ag^{+}、Zn^{2+}、Cd^{2+}、Hg^{2+} 与适量氨水反应生成氢氧化物、氧化物或碱式盐沉淀，而后溶于过量的氨水。

Cu^{2+} 大都以 dsp^2 杂化轨道成键，形成平面正方形的内轨型配合物。Zn^{2+} 的配离子几乎以 sp^3 杂化轨道成键，形成四面体形的外轨型配合物。Ag^{+} 和 Hg^{2+} 都能形成配位数为 2（sp 杂化轨道成键）的直线型和配位数为 4（sp^3 杂化轨道成键）的四面体型配合物。

Cu^{2+}、Ag^{+}、Zn^{2+}、Cd^{2+}、Hg^{2+} 与 Na_2S 溶液反应都能生成相应的硫化物。ZnS 能溶于稀 HCl。CdS 溶于浓 HCl。CuS 和 Ag_2S 溶于浓 HNO_3。HgS 溶于王水。

水溶液中的 Cu^{+} 不稳定，易歧化为 Cu^{2+} 和 Cu。CuCl 和 CuI 等 Cu(Ⅰ)的卤化物难溶于水，通过加合反应可分别生成相应的配离子 $[CuCl_2]^{-}$ 和 $[CuI_2]^{-}$，它们在水溶液中较稳定。$CuCl_2$ 溶液与铜屑及浓 HCl 混合后加热可制得 $[CuCl_2]^{-}$，加水稀释时会析出 CuCl 沉淀。

三、仪器、药品及材料

仪器：酒精灯、水浴锅、离心机、试管、试管架、点滴板、50 mL 烧杯。

药品：2 mol/L HNO_3、浓 HNO_3、2 mol/L HCl、6 mol/L HCl、浓 HCl、2 mol/L H_2SO_4、2 mol/L HAc、2 mol/L NaOH、6 mol/L NaOH、2 mol/L $NH_3 \cdot H_2O$、6 mol/L $NH_3 \cdot H_2O$、0.1 mol/L KI、2 mol/L KI、0.1 mol/L $AgNO_3$、0.1 mol/L $CuCl_2$、0.1 mol/L KBr、0.1 mol/L NaCl、0.1 mol/L $Na_2S_2O_3$、0.1 mol/L $K_4[Fe(CN)_6]$、0.1 mol/L $Hg(NO_3)_2$、0.1 mol/L Na_2S、0.1 mol/L $SnCl_2$、1 mol/L NH_4Cl、0.1 mol/L $CuSO_4$、0.1 mol/L $ZnSO_4$、0.1 mol/L $CdSO_4$、王水、铜屑（或铜粉）、1% 淀粉溶液、10% 葡萄糖溶液、二苯硫腙的 CCl_4 溶液。

三、实验步骤

1. 铜、银、锌、镉、汞氢氧化物或氧化物的生成和性质

(1) 铜、锌、镉氢氧化物的生成和性质。分别取 5 滴 0.1 mol/L $CuSO_4$ 溶液、0.1 mol/L $ZnSO_4$ 溶液和 0.1 mol/L $CdSO_4$ 溶液于三支试管中，然后滴加 2 mol/L NaOH 溶液，观察现象。再将每个试管中的沉淀分成两份，一份滴加 2 mol/L NaOH 溶液检验溶液的酸性，另一份滴加 2 mol/L H_2SO_4（或 2 mol/L HCl）溶液检验溶液的碱性。写出反应方程式。

(2) 银和汞氧化物的生成和性质。分别取 5 滴 0.1 mol/L $AgNO_3$ 溶液和 0.1 mol/L $Hg(NO_3)_2$ 溶液于两支试管中，然后滴加 2 mol/L NaOH 溶液，观察 Ag_2O 和 HgO 的颜色及状态（为什么不是 AgOH？$Hg(OH)_2$？）。再将每个试管中的沉淀分成两份，一份滴加 2 mol/L $NH_3 \cdot H_2O$ 溶液，另一份滴加 2 mol/L HNO_3 溶液，观察现象，写出反应方程式。

2. 铜、银、锌、镉、汞氨合物的生成

向 5 支分别盛有 5 滴 0.1 mol/L $CuSO_4$ 溶液、5 滴 0.1 mol/L $AgNO_3$ 溶液、5 滴 0.1 mol/L $ZnSO_4$ 溶液、5 滴 0.1 mol/L $CdSO_4$ 溶液和 5 滴 0.1 mol/L $Hg(NO_3)_2$ 溶液的试管中逐滴加入 6 mol/L $NH_3 \cdot H_2O$ 溶液，观察沉淀生成，继续加入过量的 6 mol/L $NH_3 \cdot H_2O$ 溶液，又有何现象？（如沉淀不溶解，再加 1 mol/L NH_4Cl 溶液）写出反应方程式。比较 Cu^{2+}、Ag^+、Zn^{2+}、Cd^{2+}、Hg^{2+} 与氨水反应有何不同。

3. 铜、银、锌、镉、汞硫化物的生成和性质

在 5 支离心试管中分别加入 0.1 mol/L $CuSO_4$ 溶液、0.1 mol/L $AgNO_3$ 溶液、0.1 mol/L $ZnSO_4$ 溶液、0.1 mol/L $CdSO_4$ 溶液和 0.1 mol/L $Hg(NO_3)_2$ 溶液各 1 mL，再各滴加 0.1 mol/L Na_2S 溶液，观察沉淀的颜色。将每种沉淀分成四份：一份加 2 mol/L HCl、一份加浓 HCl、一份加浓 HNO_3、还有一份加王水，观察溶解情况。根据实验结果，总结铜、银、锌、镉、汞硫化物的溶解性。

4. Cu(Ⅰ)化合物的生成和性质

(1) 氧化亚铜的生成和性质。取 5 滴 0.1 mol/L $CuSO_4$ 溶液，滴加过量的 6 mol/L NaOH 溶液，使最初生成的蓝色沉淀溶解呈深蓝色溶液，再加入 1 mL 10%葡萄糖溶液，摇匀，加热煮沸几分钟，有黄色沉淀产生进而变成暗红色的沉淀。离心分离，弃去清液，将沉淀洗涤后分成两份，一份加入 2 mol/L H_2SO_4 溶液，注意沉淀的变化，另一份加入 6 mol/L $NH_3 \cdot H_2O$ 溶液，观察溶液颜色的变化，静置一段时间后，溶液为什么会变成深蓝色。写出有关反应方程式。

(2) 氯化亚铜的生成和性质。取 1 mL 0.1 mol/L $CuCl_2$ 溶液，加 1 mL 浓盐酸和少量铜屑（或半匙铜粉），加热振荡直至溶液呈无色，取几滴上述溶液加入 3～5 mL 蒸馏水中，如有白色沉淀产生，迅速把上述溶液倾入 30～50 mL 蒸馏水中，将生成的白色 CuCl 沉淀洗涤至无蓝色为止。离心分离，弃去清液，将沉淀洗涤后分成两份，一份加入浓盐酸，观察有何变化，另一份加入 6 mol/L $NH_3 \cdot H_2O$ 溶液，观察又有何变化，写出有关反应方程式。

(3) 碘化亚铜的生成和性质。取 5 滴 0.1 mol/L $CuSO_4$ 溶液，滴加 0.1 mol/L KI 溶液，观察现象。离心分离，向清液中加 1 滴 1%的淀粉溶液，观察现象。向沉淀中滴加 2 mol/L KI 溶液，观察现象。再将溶液加水稀释，观察又有何变化。写出有关反应方程式。

5. Ag(Ⅰ)系列实验

取 5 滴 0.1 mol/L $AgNO_3$ 溶液于试管中，从 $AgNO_3$ 开始选用适当的试剂，依次实现下面的转化：$AgNO_3 \rightarrow AgCl(s) \rightarrow [Ag(NH_3)_2]^+ \rightarrow AgBr(s) \rightarrow [Ag(S_2O_3)_2]^{3-} \rightarrow AgI(s) \rightarrow [AgI_2]^- \rightarrow Ag_2S$，注意观察现象。写出有关反应方程式。

6. 银镜反应

在一支干净的试管中加入 1 mL 0.1 mol/L $AgNO_3$，滴加 2 mol/L $NH_3 \cdot H_2O$ 溶液至生成的沉淀刚好溶解，再加入 2 mL 10%葡萄糖溶液，放在水浴锅中加热 3～5 min，观察现象。写出有关反应方程式。

7. Cu^{2+}、Ag^+、Zn^{2+}、Cd^{2+}、Hg^{2+} 的鉴定

(1) Cu^{2+} 的鉴定。取 1 滴 0.1 mol/L $CuSO_4$ 溶液于白色点滴板上，加 1 滴 2 mol/L HAc 溶液酸化，再加 1 滴 0.1 mol/L $K_4[Fe(CN)_6]$溶液，若生成棕红色沉淀，表示有 Cu^{2+} 存在。

(2) Ag^+ 的鉴定。取 2 滴 0.1 mol/L $AgNO_3$ 溶液于离心试管中，加 2 滴 2 mol/L HCl 溶液，水浴锅加热，使沉淀聚集，离心分离。向沉淀中加入 6 mol/L $NH_3 \cdot H_2O$ 使其完全溶解，再加 2 mol/L HNO_3 溶液酸化，如有白色沉淀，表示有 Ag^+ 存在。

(3) Zn^{2+} 的鉴定。取 2 滴 0.1 mol/L $ZnSO_4$ 溶液，加 5 滴 6 mol/L NaOH 溶液，再加 0.5 mL二苯硫腙的 CCl_4 溶液，摇荡试管，水溶液层显粉红色，CCl_4 层由绿色变棕色，表示有 Zn^{2+} 存在。

(4) Cd^{2+} 的鉴定。取 2 滴 0.1 mol/L $CdSO_4$ 溶液，加 2 滴 0.1 mol/L Na_2S 溶液，有黄色的 CdS 沉淀生成，向沉淀中加入 6 mol/L HCl 溶液，黄色的 CdS 沉淀溶解，再滴加 6 mol/L NaOH 溶液以降低溶液酸度，又有黄色的 CdS 沉淀析出，表示有 Cd^{2+} 存在。

(5) Hg^{2+} 的鉴定。取 2 滴 0.1 mol/L $Hg(NO_3)_2$ 溶液，加 2 滴 0.1 mol/L $SnCl_2$ 溶液，有白色的 Hg_2Cl_2 沉淀生成，并逐渐转变为灰色或黑色，表示有 Hg^{2+} 存在。

五、思考题

1. 用流程图分离和鉴定 Zn^{2+}、Cd^{2+}、Ba^{2+} 混合离子。
2. 用流程图分离和鉴定 Cu^{2+}、Ag^+、Fe^{3+} 混合离子。
3. 用流程图分离 AgCl、$PbCl_2$ 和 Hg_2Cl_2 混合沉淀。
4. 总结铜、银、锌、镉、汞氢氧化物的酸碱性和稳定性。
5. 总结铜、银、锌、镉、汞硫化物的溶解性。
6. 实验 4(2)氯化亚铜的生成和性质。为什么不能用稀盐酸代替浓盐酸进行实验？能否用浓的氯化钠溶液代替浓盐酸进行实验？

六、注意事项

1. 银镜反应实验，若试管不干净，往往生成黑色沉淀，得不到光亮的银镜。实验结束立即倒掉溶液，用 2 mol/L HNO_3 溶液洗下试管壁上的 Ag。

2. $CuCl_2$ 溶液与铜屑在浓盐酸存在下加热，时间宜较长一些，否则现象不明显。加浓盐酸是使 CuCl 溶解生成配离子$[CuCl_2]^-$，防止难溶的 CuCl 附着在铜的表面，阻止反应继续进行。加热至溶液呈无色，若溶液显棕色，可能是 Cu^+ 和 Cu^{2+} 的二聚或多聚配离子，则需再加入铜粉。若溶液显蓝绿色，应先加少量浓盐酸后再加铜粉。

3. 汞盐为有毒物质，使用时要注意安全。

4. 制备 Cu_2O 实验，由于制备条件不同，Cu_2O 晶粒的大小各异，可呈现黄、橙、红等不同颜色。氢氧化亚铜(CuOH)也为黄色，但加热时即转变为红色 Cu_2O。

第五章　无机化合物的制备

实验十六　粗盐的提纯及检验

一、实验目的

1. 掌握提纯粗盐的原理和方法。
2. 掌握加热、溶解、沉淀、常压过滤、减压过滤、蒸发浓缩、结晶和干燥等基本操作。
3. 掌握食盐中 Ca^{2+}、Mg^{2+} 和 SO_4^{2-} 离子的定性鉴定。

二、实验原理

粗盐中含有 Ca^{2+}、Mg^{2+}、K^+、SO_4^{2-} 等可溶性杂质和泥沙等不溶性杂质。要得到较纯净的食盐可用重结晶的方法，方法要点是将粗盐溶于水后，过滤除去不溶性杂质；可溶性杂质则用化学方法，加沉淀剂使之转化为难溶沉淀物，再用过滤的方法除去。通常先在粗盐溶液中加入过量的 $BaCl_2$ 溶液生成 $BaSO_4$ 沉淀而除去 SO_4^{2-}，即

$$Ba^{2+} + SO_4^{2-} = BaSO_4(s)$$

然后在溶液中加入饱和 Na_2CO_3 溶液，除去 Ca^{2+}、Mg^{2+} 和过量的 Ba^{2+}，即

$$Mg^{2+} + CO_3^{2-} = MgCO_3(s)$$

$$Ca^{2+} + CO_3^{2-} = CaCO_3(s)$$

$$Ba^{2+} + CO_3^{2-} = BaCO_3(s)$$

过量的 Na_2CO_3 溶液用 6 mol/L HCl 溶液中和。粗盐中的 K^+ 与这些沉淀剂都不反应，仍留在溶液中。因为 KCl 的溶解度大于 NaCl，而且其含量又较少，所以将 NaCl 溶液加热蒸发浓缩成过饱和溶液时，冷却后即析出食盐，K^+ 未达饱和仍留在母液中，经减压抽滤即可得到较纯净的食盐。

三、仪器、药品及材料

仪器：台秤、100 mL 烧杯、普通漏斗、布氏漏斗、吸滤瓶、真空泵、蒸发皿、50 mL 量筒、石棉网、坩埚钳、电炉、水浴锅、试管、试管架、玻璃棒、洗瓶。

药品：6 mol/L HCl、6 mol/L HAc、1 mol/L $BaCl_2$、Na_2CO_3（饱和溶液）、$(NH_4)_2C_2O_4$（饱和溶液）、2 mol/L $NH_3 \cdot H_2O$、1 mol/L NH_4Cl、0.1 mol/L Na_2HPO_4、粗食盐。

材料:pH 试纸、滤纸、称量纸。

四、实验步骤

1. 粗食盐的提纯

(1) 粗食盐的称量和溶解。在台秤上称取 5 g 粗食盐,放入 100 mL 烧杯中,加 25 mL 去离子水,加热、搅拌使食盐溶解(不溶性杂质沉于底部)。

(2) 除去 SO_4^{2-}。加热食盐水溶液至煮沸,边搅拌边逐滴加入约 2 mL 1 mol/L $BaCl_2$ 溶液。继续加热 5 min,使沉淀小颗粒长成大颗粒而易于沉降。将烧杯从石棉网上取下,待沉淀沉降后,在上层清液中再滴入 1 滴 $BaCl_2$ 溶液,如清液变浑浊,则要继续加 $BaCl_2$ 溶液以除去剩余的 SO_4^{2-}。如清液不变浑浊,证明 SO_4^{2-} 已除尽。再小火加热 3~5 min,以使沉淀颗粒进一步长大而便于过滤。用普通漏斗过滤,保留滤液,弃去沉淀。

(3) 除去 Mg^{2+}、Ca^{2+} 和 Ba^{2+}。将所得滤液加热至近沸,边搅拌边逐滴加入约 3 mL 饱和的 Na_2CO_3 溶液,按上述方法检验 Mg^{2+}、Ca^{2+} 和 Ba^{2+} 是否除尽,继续用小火加热煮沸 5 min,用普通漏斗过滤,保留滤液,弃去沉淀。

(4) 除去过量的 CO_3^{2-}。将滤液加热搅拌,再逐滴加入 6 mol/L HCl 溶液中和至溶液呈微酸性(pH=4~5)。

(5) 浓缩、结晶、减压过滤和干燥。将溶液放在电炉上用小火加热,蒸发浓缩到溶液呈稀糊状为止,切不可将溶液蒸干。将浓缩液冷却至室温。用布氏漏斗减压抽滤,尽量抽干。再将晶体转移到蒸发皿中,放在石棉网上,用电炉小火烘干。冷却后称其质量,计算产率。

2. 产品纯度的检验

称取粗食盐和提纯后的精盐各 1 g,分别溶于 5 mL 去离子水中,然后各分装于两支试管中,对下列离子进行定性检验。

(1) SO_4^{2-} 的检验。各取 5 滴溶液于试管中,分别加入 2 滴 6 mol/L HCl 溶液和 2 滴 1 mol/L $BaCl_2$ 溶液。比较两试管中溶液产生沉淀的情况。

(2) Ca^{2+} 的检验。各取 5 滴溶液于试管中,分别加入 2 滴 6 mol/L HAc 溶液和 2 滴饱和的$(NH_4)_2C_2O_4$ 溶液。比较两试管中溶液产生沉淀的情况。

(3) Mg^{2+} 的检验。各取 5 滴溶液于试管中,分别加入 2 滴 2 mol/L $NH_3\cdot H_2O$ 溶液、2 滴 1 mol/L NH_4Cl 溶液和 2 滴 0.1 mol/L Na_2HPO_4 溶液。比较两试管中溶液产生沉淀的情况。

五、思考题

1. 检验产品纯度时,能否用自来水溶解食盐,为什么?

2. 本实验为什么要先加入 $BaCl_2$ 溶液,再加入饱和的 Na_2CO_3 溶液,最后加入盐酸溶液?能否改变这样的加入次序?

3. 蒸发前为什么要用盐酸将溶液调至 pH=4~5? 调至中性或弱碱性行吗?

4. 蒸发浓缩时能否把溶液蒸干,为什么?

六、注意事项

1. 溶解粗食盐不能用过多的去离子水，以防蒸发浓缩时间过长。
2. 用普通漏斗过滤时尽量趁热过滤。
3. 用布氏漏斗减压抽滤时，为防止滤纸抽破，可用双层滤纸。
4. 最后用电炉小火烘干产品，应烘炒至无白烟冒出。

实验十七　微型实验Ⅰ(工业硫酸铜的提纯)

一、实验目的

1. 通过氧化反应和水解反应掌握提纯工业硫酸铜的方法。
2. 掌握分步沉淀及重结晶分离提纯物质的原理和方法。
3. 掌握定量分析——分光光度比色法检验产品中 Fe^{3+} 杂质的含量。

二、实验原理

粗硫酸铜晶体中的主要杂质是不溶性的物质和可溶性的物质如 Fe^{3+}、Fe^{2+} 和 Na^+ 等。要分离 Fe^{3+} 比较容易，因为氢氧化铁的 $K_{sp}=2.8\times10^{-39}$，而氢氧化铜的 $K_{sp}=2.2\times10^{-20}$，即 Cu^{2+} 与 Fe^{3+} 可利用溶度积的差异，通过控制溶液 pH 值，达到分离的目的，我们称这种分离方法为分步沉淀法。从理论上看 Cu^{2+} 与 Fe^{2+}(氢氧化亚铁的 $K_{sp}=4.86\times10^{-17}$)也可以用分步沉淀法分离，但由于 Cu^{2+} 是主体，Fe^{2+} 是杂质，在进行分步沉淀时会产生共沉淀现象，达不到分离的目的。因此本实验是先用 H_2O_2 做氧化剂将 Fe^{2+} 在酸性条件下氧化成 Fe^{3+}，然后调节溶液 pH=3.2～4.0，使之水解生成 $Fe(OH)_3$ 沉淀，在过滤时和其他不溶性的物质一起被除去，即用一次分步沉淀法分离，达到 Fe^{3+} 与 Cu^{2+} 分离的目的。从氧化还原反应可知，用 H_2O_2 作氧化剂的优点是不引入其他离子，多余的 H_2O_2 可用热分解去除而不影响后面分离。

$$2Fe^{2+}+H_2O_2+2H^+ = 2Fe^{3+}+2H_2O$$

$$Fe^{3+}+3H_2O = Fe(OH)_3(s)+3H^+$$

还有一些可溶性杂质用重结晶方法分离。根据物质的溶解度不同，特别是晶体的溶解度一般随着温度的降低而减小，当热的饱和溶液冷却时，待提纯的物质先以结晶析出，而少量可溶性杂质由于尚未达到饱和，仍留在母液中，通过减压抽滤将可溶性杂质分离，这就是重结晶分离可溶性杂质的原理。

三、仪器、药品及材料

仪器：台秤、分析天平、25 mL 烧杯、10 mL 量筒、石棉网、坩埚钳、蒸发皿、电炉、玻璃棒、微型漏斗及吸滤瓶、真空水泵、721 型分光光度计、洗耳球、10 mL 刻度吸管、50 mL 容量瓶、洗瓶。

药品：粗硫酸铜、2 mol/L H_2SO_4、2 mol/L HCl、1 mol/L NaOH、1 mol/L KSCN、3% H_2O_2、6 mol/L $NH_3 \cdot H_2O$、10 μg/mL Fe^{3+} 标准溶液。

材料：¢7 定性滤纸、pH＝0.5～5.0 的精密 pH 试纸、1 cm 比色皿、擦镜纸。

四、实验步骤

1. 粗硫酸铜的提纯

(1) 除 Fe^{3+}。用台秤称取粗硫酸铜 2 g 于 25 mL 烧杯中，加入 8 mL 去离子水，加热、搅拌使其溶解。加 2 滴 2 mol/L H_2SO_4，在边加热边搅拌下滴加 2 mL 3% H_2O_2，使 Fe^{2+} 氧化成 Fe^{3+}。将溶液加热至沸腾，搅拌 2 min，边搅拌边滴加 1 mol/L NaOH 溶液并调节溶液的 pH＝3.2～4.0。再加热片刻，其一让 $Fe(OH)_3$ 沉淀加速凝聚；其二让剩余的 H_2O_2 完全分解，静置，待 $Fe(OH)_3$ 沉淀沉降后，趁热用倾析法在微型漏斗和吸滤瓶上过滤，将滤液转移到干净的蒸发皿中。

(2) $CuSO_4 \cdot 5H_2O$ 晶体的制备。将蒸发皿中的滤液用 2 mol/L H_2SO_4 调至 pH＝1～2 后，用电炉小火加热蒸发浓缩，直至溶液表面刚出现薄层结晶时，立即停止加热，让其自然冷却到室温（勿要用水冷却），慢慢地析出 $CuSO_4 \cdot 5H_2O$ 晶体。待蒸发皿底部用手摸感觉不到温热时，将晶体和母液转入已装好滤纸的吸滤瓶上进行抽滤。最后将抽干的晶体称重，计算产率。

2. 产品 $CuSO_4 \cdot 5H_2O$ 晶体中 Fe^{3+} 杂质的定量分析

(1) Fe^{2+} 氧化成 Fe^{3+}。精确称取 0.2000 g 已提纯的硫酸铜晶体，放入小烧杯中，加3 mL 去离子水溶解试样，加 2 滴 2 mol/L H_2SO_4、10 滴 3% H_2O_2，加热，使 Fe^{2+} 完全氧化成 Fe^{3+}，继续加热煮沸，使剩余的 H_2O_2 完全分解（若无小气泡产生，即可认为 H_2O_2 分解完全）。

(2) $Fe(OH)_3$ 沉淀生成。待溶液冷却后，逐滴加入 6 mol/L $NH_3 \cdot H_2O$，先生成浅蓝色的沉淀，继续滴入 6 mol/L $NH_3 \cdot H_2O$，直至沉淀完全溶解，呈深蓝色透明的溶液为止。此时，溶液中如有微量铁则生成 $Fe(OH)_3$ 沉淀。

$$Fe^{3+} + 3NH_3 \cdot H_2O \xlongequal{} Fe(OH)_3 + 3NH_4^+$$

$$2Cu^{2+} + SO_4^{2-} + 2NH_3 \cdot H_2O \xlongequal{} Cu_2(OH)_2SO_4 \downarrow + 2NH_4^+$$

$$Cu_2(OH)_2SO_4 + 8NH_3 \cdot H_2O \xlongequal{} 2[Cu(NH_3)_4]^{2+} + SO_4^{2-} + 2OH^- + 8H_2O$$

(3) 测定 Fe^{3+} 杂质的含量。在微型漏斗和吸滤瓶上过滤，用去离子水洗涤滤纸上的蓝色至无蓝色，如有 $Fe(OH)_3$ 沉淀，则留在滤纸上（若 Fe^{3+} 杂质含量较高，滤纸上则有黄色或棕色沉淀），弃去滤液。用滴管滴入 1.5 mL 热的 2 mol/L HCl 洗涤滤纸上的沉淀，用 5 mL 量筒承接，加入 2 滴 1 mol/L KSCN 溶液，用水稀释至刻度，用 721 型分光光度计测定其吸光度 A，

由 Fe^{3+} 标准曲线即可查得产品中 Fe^{3+} 杂质的含量，通过计算再对照表 5-1 即可确定产品等级。实验数据记录在表 5-2 中。

表 5-1　$CuSO_4 \cdot 5H_2O$ 产品等级与 Fe^{3+} 杂质的百分含量

产品等级	分析纯	化学纯
$Fe^{3+} \times 100$	0.003	0.02

3. 10 μg/mL Fe^{3+} 标准溶液的配制

准确地称取 0.0863 g 硫酸高铁铵于小烧杯中，加少量水使之溶解，再加入 50 mL(1+1) H_2SO_4 溶液，一起转入 1000 mL 容量瓶中，用去离子水稀释至刻度，摇匀。

4. Fe^{3+} 标准曲线的绘制

用 10 mL 刻度吸管分别吸取上述 10 μg/mL Fe^{3+} 标准溶液 0.00 mL、1.00 mL、2.00 mL、4.00 mL、8.00 mL、10.00 mL 于 50 mL 容量瓶中，各加入 15 mL 2 mol/L HCl 和 20 滴 1 mol/L KSCN 溶液，用去离子水稀至刻度，摇匀。以空白(0 管)为参比溶液，在波长 465 nm 处，用 1 cm 比色皿，于 721 型分光光度计上分别测定各标准溶液的吸光度 A。以 A 为纵坐标，Fe^{3+} 的含量为横坐标，绘制 Fe^{3+} 标准曲线。实验数据记录在表 5-2 中。

表 5-2　绘制 Fe^{3+} 标准曲线及产品等级的实验数据

容量瓶编号	10 μg/mL Fe^{3+} (mL)	Fe^{3+} 含量(μg)	吸光度 A	$A - A_0$
1	0.00	0		
2	1.00	10.0		
3	2.00	20.0		
4	4.00	40.0		
5	8.00	80.0		
6	10.00	100.0		
Fe^{3+} 杂质吸光度 A：	Fe^{3+} 杂质含量：	产品等级：		

五、思考题

1. 用重结晶法提纯 $CuSO_4 \cdot 5H_2O$ 时，为什么不能将滤液蒸干？
2. 粗硫酸铜中杂质 Fe^{2+} 为什么要氧化为 Fe^{3+} 除去？
3. 除 Fe^{3+} 时为什么要把溶液的 pH 值调节为 3.2～4.0？pH 值太大或太小有什么影响？而在蒸发前为什么又把溶液的 pH 值调节为 1～2？
4. 怎样鉴定提纯后硫酸铜的纯度？
5. 本实验为什么选用 H_2O_2 作氧化剂？

六、注意事项

1. 粗硫酸铜晶体要充分溶解。

2. $Fe(OH)_3$ 沉淀沉降后，千万不要用玻璃棒去搅动。掌握倾析法过滤的操作要领。

3. 用1 mol/L NaOH溶液调节溶液的pH=3.2～4.0或用2 mol/L H_2SO_4 溶液调节溶液的pH=1～2，应一边加，一边测pH值，以防过量。

4. 用电炉小火加热浓缩时，电炉上应加一个石棉网，蒸发浓缩千万不能加热过猛，以免液体飞溅而损失。

5. 抽滤时，用玻璃棒将 $CuSO_4\cdot5H_2O$ 晶体均匀地铺满滤纸，并轻轻地压紧晶体，尽可能除去晶体间夹带的母液，然后用小滤纸轻轻压在晶体层表面，吸去表层晶体上吸附的母液。取出晶体，摊在滤纸上，再覆盖一张滤纸，用手指轻轻挤压，吸干其中的剩余母液。将微型吸滤瓶中的母液倒入母液回收瓶中。

6. 抽滤操作结束后，先拔去微型吸滤瓶上的橡皮管，再关水泵，停止抽滤。

实验十八　微型实验Ⅱ(硫酸亚铁铵的制备)

一、实验目的

1. 掌握复盐的制备方法。
2. 掌握水浴加热、蒸发、结晶和减压过滤的基本操作。
3. 掌握高锰酸钾滴定法测定硫酸亚铁铵产品的百分含量。

二、实验原理

过量的铁屑与稀硫酸反应得到 $FeSO_4$，$FeSO_4$ 再与等物质量的 $(NH_4)_2SO_4$ 作用，经过蒸发浓缩、冷却结晶和减压抽滤，便得到溶解度较小的 $(NH_4)_2Fe(SO_4)_2\cdot6H_2O$ 晶体。

$$Fe + H_2SO_4(稀) = FeSO_4 + H_2\uparrow$$

$$FeSO_4 + (NH_4)_2SO_4 + 6H_2O = (NH_4)_2Fe(SO_4)_2\cdot6H_2O$$

硫酸亚铁、硫酸铵和硫酸亚铁铵三种盐的溶解度数据见表5-3。

表5-3　三种盐的溶解度　　单位：g/(100 g H_2O)

温度	10 ℃	20 ℃	30 ℃	40 ℃
$FeSO_4\cdot7H_2O$	37.0	48.0	60.0	73.3
$(NH_4)_2SO_4$	73.0	75.4	78.0	81.0
$(NH_4)_2Fe(SO_4)_2\cdot6H_2O$	17.2	36.5	45.0	53.0

从表中数据可知，在一定温度范围内，硫酸亚铁铵比组成它的各组分 $FeSO_4$ 和 $(NH_4)_2SO_4$ 的溶解度都要小，因而很容易从混合溶液中优先析出。

硫酸亚铁铵是一种复盐，它的商品名是莫尔盐，为浅绿色单斜晶体，能溶于水，但难溶于乙醇，在空气中比较稳定，不易被氧化，因此在定量分析中常用来配制亚铁离子的标准溶液。为了保持硫酸亚铁铵这种复盐分子结构不被破坏，在制备时应控制温度，使铵盐和结晶水不被破坏和流失，所以必须使用水浴锅控制温度不高于 80℃。而且在使用和保存中，也不能用烘干的方法，应在干燥器中存放。

硫酸亚铁铵产品百分含量的测定用高锰酸钾滴定法，在酸性介质中 Fe^{2+} 被 $KMnO_4$ 定量地氧化为 Fe^{3+}，根据 $KMnO_4$ 标准溶液的浓度和滴定时所消耗的 mL 数，即可计算出产品的百分含量。

$$5Fe^{2+} + MnO_4^- + 8H^+ \!=\!=\!= 5Fe^{3+} + Mn^{2+} + 4H_2O$$

用分光光度比色法检验产品中杂质 Fe^{3+}，来确定产品硫酸亚铁铵的等级。

三、仪器、药品及材料

仪器：台秤、分析天平、微型锥形瓶、150 mL 锥形瓶、电炉、玻璃棒、10 mL 量筒、恒温水浴锅、蒸发皿、布氏漏斗、微型漏斗及吸滤瓶、真空水泵、表面皿、721 型分光光度计、酸式滴定管、10 mL 刻度吸管、50 mL 容量瓶。

药品：铁屑、1 mol/L Na_2CO_3、3 mol/L H_2SO_4、$(NH_4)_2SO_4(s)$、浓 H_3PO_4、2 mol/L HCl、无水乙醇、0.02000 mol/L 高锰酸钾标准溶液、1 mol/L KSCN、10 μg/mL Fe^{3+} 标准溶液。

材料：¢7 定性滤纸、pH 广泛试纸。

四、实验步骤

1. 铁屑除油污（如用纯铁粉可省去此步）

称取 0.5 g 铁屑于微型锥形瓶中，加 1 mol/L Na_2CO_3 溶液 5 mL，小火加热 5 min，并用玻璃棒不断搅拌，以除去铁屑表面的油污。用倾析法除碱液，水洗净铁屑。如铁屑上仍有油污，用 Na_2CO_3 溶液再煮一遍。

2. $FeSO_4$ 的制备

在无油污铁屑的锥形瓶中，加 3 mol/L H_2SO_4 溶液 4 mL，用水浴锅在通风处加热直至少有气泡冒出。在反应过程中应适当往锥形瓶和水浴锅中添加水，及时补充被蒸发掉的水分，以保持原体积。水浴锅温度控制在 80 ℃左右，趁热过滤，以免出现结晶，用少量热的去离子水洗涤残渣，滤液转入蒸发皿中，将锥形瓶中和滤纸上未反应的铁屑残渣用滤纸吸干后称重，计算实际参加反应的铁屑的质量。铁屑不必全部溶解，溶解大部分即可，防止 Fe^{2+} 氧化成 Fe^{3+}。

3. 硫酸亚铁铵的制备

在滤液中，加入等摩尔计算量的 $(NH_4)_2SO_4$ 固体，搅拌使其全部溶解。调节 pH＝1～2，在水浴锅中加热蒸发浓缩至液面出现一层晶膜，取下蒸发皿，自然冷却至室温，使 $(NH_4)_2Fe(SO_4)_2\cdot 6H_2O$ 晶体析出（蒸发中不宜搅动）。用布氏漏斗减压抽滤，用少量无水乙醇洗去晶体表面所附着的水分，布氏漏斗再次减压抽滤，晶体转移至表面皿上晾干后称重，观察晶体色态，计算理论产量和产率。

4. 硫酸亚铁铵产品百分含量的测定

精确地称取 0.8000 g 左右上述制备的硫酸亚铁铵产品于 150 mL 锥形瓶中，加 50 mL 已除氧的去离子水、3 mol/L H_2SO_4 溶液 15 mL 和 2 mL 浓 H_3PO_4，摇匀使试样溶解。从滴定管中放出 10mL 左右的高锰酸钾标准溶液于锥形瓶中，加热至 70～80 ℃，继续用高锰酸钾标准溶液滴定至溶液刚出现淡红色并 30 s 内不褪色即为滴定终点。根据高锰酸钾标准溶液的浓度和滴定时所消耗的 mL，即可计算出产品的百分含量。

$$w(\%) = \frac{5c_{KMnO_4} \times V_{KMnO_4} \times 10^{-3} \times M}{m_{产品}} \times 100\%$$

式中：

c_{KMnO_4}：高锰酸钾标准溶液的浓度，mol/L；

V_{KMnO_4}：滴定时所消耗的高锰酸钾标准溶液的体积，mL；

M：$(NH_4)_2Fe(SO_4)_2 \cdot 6H_2O$ 的摩尔质量，g/mol；

$m_{产品}$：所称产品的质量，g。

5. Fe^{3+} 杂质的定量分析

精确地称取约 0.2000 g 上述制备的硫酸亚铁铵产品于小烧杯中，加 1 mL 已除氧的去离子水使之溶解，再加 1.5 mL 2 mol/L HCl 溶液和 2 滴 1 mol/L KSCN 溶液，最后用已除氧的去离子水稀释至 5 mL，摇匀，于 721 型分光光度计上在波长 465 nm 处用 1 cm 比色皿测定其吸光度。再根据实验十七绘制的 Fe^{3+} 标准曲线，即可查得 Fe^{3+} 杂质的含量，通过计算再对照表 5-4即可确定产品等级。

表 5-4 硫酸亚铁铵产品等级与 Fe^{3+} 杂质的百分含量

产品等级	Ⅰ	Ⅱ	Ⅲ
$Fe^{3+} \times 100$	0.005	0.01	0.02

以上实验数据均记录在表 5-5 中。

表 5-5 制备硫酸亚铁铵的实验数据

项目	实验数据
称取铁屑的质量(g)	
铁屑残渣的质量(g)	
实际参加反应的铁屑质量(g)	
称取固体$(NH_4)_2SO_4$ 的质量(g)	
产品硫酸亚铁铵的理论产量(g)	
产品硫酸亚铁铵的实际产量(g)	
产率(%)	
精称硫酸亚铁铵产品用于百分含量测定的质量 $m_{产品}$(g)	
c_{KMnO_4}(mol/L)	

续表

项目	实验数据
V_{KMnO_4} (mL)	
产品的百分含量 w(%)	
精称硫酸亚铁铵产品用于 Fe^{3+} 杂质定量分析的质量(g)	
Fe^{3+} 杂质的吸光度 A	
Fe^{3+} 杂质的含量(μg)	
产品硫酸亚铁铵的等级	

五、思考题

1. 实验中应采取什么措施防止 Fe^{2+} 被氧化？如你的产品含杂质 Fe^{3+} 较多请分析原因。
2. 制备硫酸亚铁和硫酸亚铁铵时，为什么都要采用水浴加热？
3. 不含氧气的去离子水怎样制取？
4. 能否将最后产物直接放在表面皿上加热干燥？为什么？
5. 制备硫酸亚铁铵时为什么要保持溶液呈强酸性？
6. 检验产品中 Fe^{3+} 杂质时，为什么要用不含氧的去离子水？
7. 为什么在配制硫酸亚铁铵溶液时要加浓硫酸？

六、注意事项

1. 减压过滤要点：① 滤纸略小于漏斗内径，但又能盖没全部瓷孔；② 布氏漏斗下端斜口应朝向吸滤瓶支管；③ 临用前先润湿滤纸，抽气使慢慢贴紧，再往漏斗内转移溶液；④ 先拔去连接吸滤瓶的橡皮管或布氏漏斗，再关掉连接水泵的开关；⑤ 尽量抽干样品，可压紧漏斗内样品。

2. 铁屑中含有杂质砷，所以在制备过程中有少量的有毒气体 AsH_3 放出，它能刺激和麻痹神经系统，所以应在通风橱中水浴加热。

3. 水浴蒸发硫酸亚铁铵时注意观察浓缩程度，加热浓缩时间不宜过长，出现晶膜即停止，再在室温下放置一段时间缓慢冷却，等待结晶体析出、长大。

4. 最后一次抽滤时，将滤饼压实，不能用蒸馏水或母液洗涤晶体，应用无水乙醇洗涤晶体。

5. 提前将无氧蒸馏水制好。

6. 硫酸亚铁铵在制备和蒸发过程中不宜搅动。

7. 硫酸亚铁铵晶体自然晾干或真空干燥，千万不能加热干燥，因产品受热可脱去结晶水，影响准确性。

8. 调 pH＝1～2 时可加数滴硫酸或氢氧化钠溶液。

实验十九 微型实验Ⅲ
(过氧化钙的制备和含量的测定)

一、目的要求

1. 掌握过氧化钙的制备原理和方法。
2. 巩固练习无机化合物制备的一些操作。
3. 学会过氧化钙的定性鉴定和含量测定。

二、实验原理

过氧化钙是一种新型的多功能无机化工产品,常温下是无色或淡黄色粉末,易溶于酸,难溶于水和乙醇等溶剂。过氧化钙在一定条件下可长期缓慢地释放出氧气,提供种子发芽所需要的氧气,因此可作为水稻种子粉衣剂,使水稻直播成为现实,不仅省工、省力,而且可增产。用过氧化钙处理大豆、棉花和玉米等农作物的种子,不仅促进种子发芽率,还增产12%以上,同时具有改良土壤、杀虫灭菌、促进植物新陈代谢等多种功效。过氧化钙在水产养殖中可提高溶解氧,降低化学耗氧量和氨氮,调节pH值和硬度,而且可以改善水质,是良好的供氧剂。用过氧化钙处理含Cu^{2+}、Mn^{2+}、Cd^{2+}等重金属离子的工业废水和印染有机废水,方法简单可靠,没有二次污染。过氧化钙用于果蔬保鲜,效果最佳。另外,还可用于冶金添加剂,橡胶补强剂等领域。从众多日益开发的应用领域看,过氧化钙的生产及应用具有广阔前景。

过氧化钙一般以钙盐(氯化钙、硝酸钙)或氢氧化钙与过氧化氢反应制得。因为过氧化氢的分解速度随着温度升高而迅速加快,因此,一般在$-2\sim5$ ℃的低温下进行反应,在水溶液中析出$CaO_2\cdot 8H_2O$,再脱水干燥,即得产品。

本实验以氯化钙为原料,在低温和碱性条件下,与过氧化氢反应制备过氧化钙。

$$CaCl_2+H_2O_2+2NH_3\cdot H_2O+6H_2O = CaO_2\cdot 8H_2O(s)+2NH_4Cl$$

从溶液中制得的过氧化钙含有结晶水,其结晶水的含量随着制备方法的不同而有所变化,最高可达8个结晶水,含结晶水的过氧化钙呈白色,在100～150 ℃下脱水生成无水过氧化钙。加热至350 ℃左右,过氧化钙迅速分解,生成氧化钙,并放出氧气。反应方程式为:

$$2CaO_2 \xrightarrow{350\ ℃} 2CaO+O_2(g)$$

三、仪器、药品及材料

仪器:台秤、分析天平、25 mL烧杯2个、5mL量筒、冰水浴、玻璃棒、滴管、微型漏斗及吸滤瓶、真空水泵、洗瓶、表面皿、烘箱、干燥器、蒸发皿、石棉网、电炉、试管、火柴、100 mL锥形瓶、酸式滴定管、铁架台。

药品：无水氯化钙、30% H_2O_2、6 mol/L $NH_3\cdot H_2O$、无水乙醇、2 mol/L HCl、0.0100 mol/L $KMnO_4$ 标准溶液（实验室标定提供准确浓度）、2 mol/L H_2SO_4。

材料：¢7 定性滤纸、冰块、pH 试纸。

四、实验步骤

1. 过氧化钙的制备

在 25 mL 小烧杯中，加入 2.5 g 氯化钙，用 5 mL 蒸馏水溶解，制成 $CaCl_2$ 溶液。在另一个 25 mL 小烧杯中加入 6 mL 30% H_2O_2 和 4 mL 6 mol/L $NH_3\cdot H_2O$ 溶液，制成过氧化氢和氨水混合液。将上述制得的 $CaCl_2$ 溶液、过氧化氢和氨水混合液分别置于冰水中冷却。待溶液充分冷却后，在剧烈搅拌下将 $CaCl_2$ 溶液逐滴加入过氧化氢和氨水混合液中（滴加时溶液仍置于冰水浴中）。滴加结束后继续搅拌 15 min 左右，并继续在冰水浴内放置0.5 h，观察白色的过氧化钙晶体的生成。然后减压抽滤，湿滤饼用少量冰水洗涤 2～3 次后，再用无水乙醇洗涤 2 次，将晶体抽干。抽干后的过氧化钙晶体放在表面皿上，于烘箱内在120 ℃下烘 1 h，得过氧化钙产品。将制得的产品放在干燥器中冷却、称重、计算产率。最后将产品转入干燥的小烧杯中，放入干燥器中备用。

将滤液转入蒸发皿中，用 2 mol/L HCl 溶液调节 pH＝2～4，放在石棉网上用电炉小火加热浓缩，得副产品 NH_4Cl 晶体。

2. 过氧化钙的定性鉴定

取少量自制的过氧化钙固体于试管中，加热。将带有余烬的火柴伸入试管，观察实验现象。若火柴复燃则判断自制的产品为过氧化钙。

3. 过氧化钙含量的测定

$$5CaO_2 + 2MnO_4^- + 6H^+ + 2H_2O = 5Ca(OH)_2\downarrow + 2Mn^{2+} + 5O_2\uparrow$$

准确称取自制的过氧化钙产品 0.0500 g（精确到 0.1 mg）于 100 mL 锥形瓶中，加 10 mL 蒸馏水润湿，再加入 2 mL 2 mol/L H_2SO_4，使产品完全溶解，用 0.0100 mol/L $KMnO_4$ 标准溶液滴定至刚出现淡粉红色 30 s 内不褪色，即为终点。根据下式计算过氧化钙的含量。数据记录在表 5-6 中。

$$\omega(CaO_2) = \frac{5c_{KMnO_4} \times V_{KMnO_4} \times 10^{-3} \times M_{CaO_2}}{2m_{产品}} \times 100\%$$

式中：

$\omega(CaO_2)$：产品中过氧化钙的百分含量，%；

c_{KMnO_4}：高锰酸钾标准溶液的摩尔浓度，mol/L；

V_{KMnO_4}：滴定时消耗的高锰酸钾标准溶液的体积，mL；

M_{CaO_2}：CaO_2 的摩尔质量，g/mol；

$m_{产品}$：精确称取产品过氧化钙的质量，g。

表 5-6 过氧化钙制备及含量测定的实验数据

项目	实验数据
称取氯化钙的质量(g)	
产品过氧化钙的理论产量(g)	
产品过氧化钙的实际产量(g)	
产率(%)	
精称自制过氧化钙产品的质量 $m_{产品}$(g)	
c_{KMnO_4}(mol/L)	
V_{KMnO_4}(mL)	
产品的百分含量 ω(%)	

五、思考题

1. 你认为上述制备方法还有哪些地方值得改进?

2. 测定过氧化钙含量还可用哪些方法?

3. 计算副产品 NH_4Cl 晶体的理论质量。

六、注意事项

1. 冰水浴应根据实验时的温度灵活控制,冬天宜水多于冰块,夏天宜冰块多于水。控制温度在 -2～5 ℃范围内。

2. 用于过氧化钙定性鉴定的试管必须干燥,并注意试管的正确加热方法。

3. 必须等 $CaCl_2$ 溶液、过氧化氢和氨水混合液充分冷却后,才能混合,而且要剧烈充分搅拌,在冰水浴中继续放置一段时间,观察过氧化钙的生成。

第六章　综合型与设计型实验

实验二十　纸色谱法分离鉴定 Cu^{2+}、Fe^{3+}、Co^{2+} 和 Ni^{2+}

一、实验目的

1. 掌握纸色谱法分离 Cu^{2+}、Fe^{3+}、Co^{2+}、Ni^{2+} 的基本原理和实验操作方法。
2. 掌握比移值 R_f 的计算和应用。

二、实验原理

色谱分离法包括气相色谱法和液相色谱法，这种分离方法的特点是分离效率高，能将各种性质极为相似的组分分离，然后分别进行测定。这种方法是由一种流动相带着试样经过固定相，物质在两相之间进行反复的分配，由于物质的分配系数不同，移动速度也不相同，因而可达到相互分离的目的。

纸色谱又称为纸层析，简称 P.C。它是在滤纸上进行的色层分析法。滤纸被看作是一种惰性载体，滤纸纤维素中吸附着水分或其他溶剂，在层析过程中不流动，是固定相。在层析过程中沿着滤纸流动的溶剂或混合溶剂是流动相，又称为展开剂。本实验用纸色谱法分离和鉴定溶液中的 Cu^{2+}、Fe^{3+}、Co^{2+} 和 Ni^{2+}。在滤纸下端滴上 Cu^{2+}、Fe^{3+}、Co^{2+}、Ni^{2+} 和未知混合溶液，将滤纸放入盛有盐酸和丙酮的溶液中，滤纸纤维素所吸附的水分是固体相，盐酸和丙酮溶液是流动相，又称为展开剂。由于毛细管作用，展开剂沿滤纸上升，当它经过混合离子试液时，试液中的每一组分均向上移动。由于混合离子各组分在固体相和流动相中具有不同的分配系数，也即在两相中具有不同的溶解度，在水相中溶解度较大的组分，向上移动的速度缓慢，在盐酸和丙酮溶剂中溶解度较大的组分随溶剂向上移动的速度较快，通过一段时间的反复分配，分配系数各不相同的组分得以分离。经分离展开后的组分可用不同的方法检出，并根据 R_f 值与纯物质对照进行鉴定。

比移值 R_f 与溶质在固定相和流动相内的分配系数有关，当层析纸、固定相、流动相和温度一定时，每种物质的 R_f 值为一定值。

$$R_f = \frac{h}{H}$$

式中：

h：为物质斑点中心距原点的垂直距离，cm；

H:为展开剂前沿距原点的垂直距离,cm。

三、仪器、药品及材料

仪器:500 mL 广口瓶、20 mL 量筒、500 mL 烧杯、镊子、30 cm×50 cm 搪瓷盘、喉头喷雾器。

药品:浓 HCl、浓 $NH_3 \cdot H_2O$、1.0 mol/L $FeCl_3$、1.0 mol/L $CoCl_2$、1.0 mol/L $NiCl_2$、1.0 mol/L $CuCl_2$、0.1 mol/L $K_4[Fe(CN)_6]$、0.1 mol/L $K_3[Fe(CN)_6]$、0.1 mol/L Na_2S、丙酮。

材料:7.5 cm×11 cm 色层滤纸、普通滤纸、毛细管。

四、实验步骤

1. 准备层析纸

如图 6-1 所示,取一张 7.5 cm×11 cm 色层滤纸。以宽 7.5 cm 的边为底边,用铅笔画 4 条间隔为 1.5 cm 的竖线平行于 11 cm 的长边,在滤纸上端 1 cm 处和下端 2 cm 处各画出一条与其底边平行的横线,再沿着 4 条竖线折叠成五棱柱体,最后在滤纸上端画好的各小方格内标出 Fe^{3+}、Co^{2+}、Ni^{2+}、Cu^{2+} 和未知混合液。

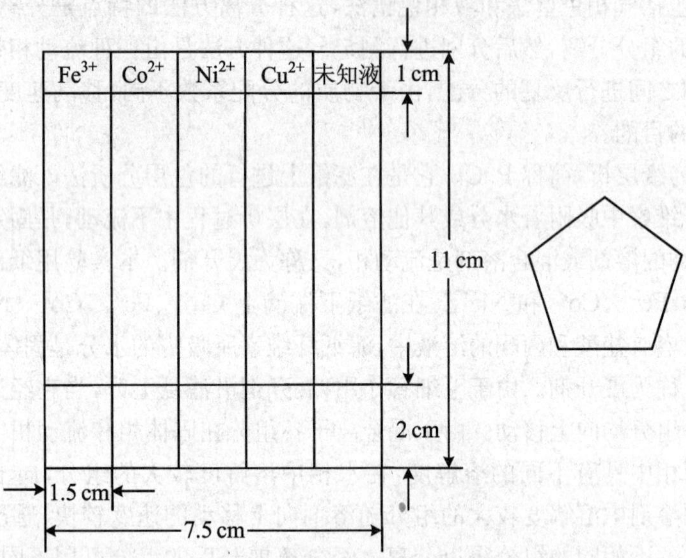

图 6-1 层析纸折叠示意图

2. 点样

取 5 根毛细管分别插入 1.0 mol/L $FeCl_3$ 溶液、1.0 mol/L $CoCl_2$ 溶液、1.0 mol/L $NiCl_2$ 溶液、1.0 mol/L $CuCl_2$ 溶液和未知混合液的试剂瓶内,用毛细管吸取相应离子溶液后,按所标明的样品名称,垂直触到层析纸下端横线的相应位置上,当层析纸上形成直径为 0.3~0.5 cm的圆形斑点时,立即提起毛细管。将点样后的层析纸置于通风处晾干。

3. 展开

在 500 mL 广口瓶中加入 17 mL 丙酮、2 mL 浓 HCl 和 1 mL 去离子水，配成展开液，盖好瓶盖充分混合展开剂。把点好样并晾干的层析纸放入展开瓶内，展开剂液面应略低于层析纸上铅笔线。仔细观察并记录各种离子在层析时显示的颜色和展开的速度。当展开剂前沿接近层析纸上端横线时停止色谱，用镊子取出层析纸，放在搪瓷盘中，用铅笔及时画下展开剂前沿的位置，于通风处自然晾干层析纸。

4. 斑点显色

若离子斑点颜色不清楚，可通过它们与不同物质反应而显示出不同颜色的方法来确定他们的位置。然后计算 R_f 值。本实验采用如下两种方法显色。

(1) 将层析纸放在搪瓷盘中，先用浓氨水向层析纸上喷雾，使之润湿，再喷 0.1 mol/L Na_2S 溶液，使之生成黑色硫化物，自然晾干层析纸，观察并记录斑点的颜色和位置。

(2) 将层析纸放在搪瓷盘中，用喉头喷雾器向层析纸上喷洒 0.1 mol/L $K_4[Fe(CN)_6]$ 溶液与 0.1 mol/L $K_3[Fe(CN)_6]$ 溶液的等体积混合液，自然晾干层析纸，观察并记录斑点的颜色和位置。

5. 数据记录与处理

(1) 记录各离子在层析时显示的颜色并填入表 6-1 中。

(2) 用铅笔画下各斑点的轮廓，测量斑点中心位置离开基线原点的垂直距离 h；测量展开剂前沿离开基线原点的垂直距离 H，并将数据填入表 6-1 中。

(3) 将 R_f 值的计算结果填入表 6-1 中。

(4) 根据已知离子斑点的颜色和 R_f 值等对照试验，判断未知混合液中含有哪些离子。

表 6-1　离子斑点的颜色和 R_f 值

层析物质名称		Fe^{3+}	Co^{2+}	Ni^{2+}	Cu^{2+}	未知溶液
斑点颜色	层析时颜色					
	喷浓氨水显色					
	喷 Na_2S 显色					
	喷 $K_3[Fe(CN)_6]+K_4[Fe(CN)_6]$ 显色					
离子移动的距离 h(cm)						
展开剂移动的距离 H(cm)						
$R_f=\frac{h}{H}$						

五、思考题

1. 纸层析的原理是什么？主要步骤如何？
2. $CoCl_2$ 在丙酮溶液中应显示什么颜色？

六、注意事项

1. 点样毛细管切口要平。

2. 点样不能太多，以免展开后斑点扩散。

3. 先取一张普通滤纸做点样练习，反复练习几次，直到斑点直径在 0.3～0.5 cm 范围内的斑点为止。

4. 只要实验条件相同，R_f值的重复性就好，因此 R_f值是纸上色谱法的重要数值。

实验二十一　混合阴离子未知溶液的定性鉴定

一、实验目的

1. 掌握常见阴离子 Cl^-、Br^-、I^-、NO_3^-、NO_2^-、SO_4^{2-}、SO_3^{2-}、$S_2O_3^{2-}$、S^{2-}、PO_4^{3-} 和CO_3^{2-} 的有关性质。

2. 了解混合阴离子的鉴定方案并检出未知溶液中的阴离子。

3. 培养综合应用基础知识的能力。

二、实验原理

常见的阴离子有 Cl^-、Br^-、I^-、NO_3^-、NO_2^-、SO_4^{2-}、SO_3^{2-}、$S_2O_3^{2-}$、S^{2-}、PO_4^{3-} 和CO_3^{2-} 共 11 种，这些阴离子的初步鉴定包括以下 6 个方面，见表 6-2。根据初步鉴定结果，推断可能存在的阴离子，然后做阴离子的个别鉴定。

表 6-2　阴离子的初步鉴定

阴离子	H_2SO_4 (2 mol/L)	$BaCl_2$ (1 mol/L)	$AgNO_3$ (0.1 mol/L)	碘-淀粉(强还原性阴离子)	0.01 mol/L $KMnO_4$(弱还原性阴离子)	KI-淀粉(氧化性阴离子)
Cl^-			白色沉淀			
Br^-			淡黄色沉淀		褪色	
I^-			黄色沉淀		褪色	
NO_3^-						
NO_2^-	气泡				褪色	变蓝
SO_4^{2-}		白色沉淀				
SO_3^{2-}	气泡	白色沉淀		褪色	褪色	
$S_2O_3^{2-}$	气泡	白色沉淀或溶液	沉淀或溶液	褪色	褪色	
S^{2-}	气泡		黑色沉淀	褪色	褪色	
PO_4^{3-}		白色沉淀				
CO_3^{2-}	气泡	白色沉淀				

1. pH 试纸测定试样的 pH 值。如果 $pH<2$，不稳定的 $S_2O_3^{2-}$ 不可能存在，如此时试样无臭味，易挥发的 S^{2-}、NO_2^- 和 SO_3^{2-} 也不可能存在。

2. 与 2 mol/L H_2SO_4 的反应。试样中加入 2 mol/L H_2SO_4 溶液并加热，如有气泡产生，则可能有 NO_2^-、SO_3^{2-}、$S_2O_3^{2-}$、S^{2-} 和 CO_3^{2-} 存在。

3. 与 $BaCl_2$ 溶液的反应。在中性或弱碱性试样中加入 1 mol/L $BaCl_2$ 溶液，如有白色沉淀生成，则可能有 SO_4^{2-}、SO_3^{2-}、PO_4^{3-} 和 CO_3^{2-} 存在。$S_2O_3^{2-}$ 浓度大时才会产生 BaS_2O_3 沉淀。如没有白色沉淀生成，则不可能有 SO_4^{2-}、SO_3^{2-}、PO_4^{3-} 和 CO_3^{2-}，但 $S_2O_3^{2-}$ 不能确定。

4. 与 $AgNO_3$ 溶液的反应。试样中加入 0.1 mol/L $AgNO_3$ 溶液，如有沉淀生成，加 2 mol/L HNO_3 酸化，沉淀仍不消失，则可能有 Cl^-、Br^-、I^-、$S_2O_3^{2-}$ 和 S^{2-} 存在。如没有沉淀生成，则不可能有 Cl^-、Br^-、I^-、$S_2O_3^{2-}$ 和 S^{2-}。还可以由沉淀颜色初步判断含有哪些阴离子，如白色沉淀，则可能有 Cl^-；如淡黄色沉淀，则可能有 Br^-；如黄色沉淀，则可能有 I^-；如沉淀由白色→黄色→棕色→黑色，则可能有 $S_2O_3^{2-}$；如黑色沉淀，则可能有 S^{2-}。应注意 Ag^+ 与 Cl^-、Br^-、I^- 形成的浅色沉淀很容易被同时存在的黑色沉淀覆盖，所以要认真观察沉淀是否溶于或部分溶于 2 mol/L HNO_3 溶液，以推断有没有 Cl^-、Br^- 和 I^- 存在的可能。

5. 还原性阴离子的鉴定。向酸化的试样中滴入 2 滴 0.01 mol/L $KMnO_4$ 溶液，若紫红色褪去，则可能有 SO_3^{2-}、$S_2O_3^{2-}$、S^{2-}、Br^-、I^- 和 NO_2^- 存在。若紫红色不褪，则不可能有 SO_3^{2-}、$S_2O_3^{2-}$、S^{2-}、Br^-、I^- 和 NO_2^-。如果有还原性阴离子存在，则向试样中再加入碘－淀粉溶液，再进一步鉴定是否存在强还原性阴离子，强还原性阴离子 SO_3^{2-}、$S_2O_3^{2-}$ 和 S^{2-} 能被碘氧化，因此能使碘－淀粉溶液的蓝色褪去，如溶液蓝色褪去则可能有强还原性阴离子 SO_3^{2-}、$S_2O_3^{2-}$ 和 S^{2-} 的存在。

6. 氧化性阴离子的鉴定。向酸化的试样中加入 KI－淀粉溶液，摇荡试管，若溶液呈蓝色，则可能有 NO_2^- 存在。

三、仪器、药品及材料

仪器：酒精灯、水浴锅、离心机、玻璃棒、试管、试管架、点滴板。

药品：2 mol/L H_2SO_4、浓 H_2SO_4、2 mol/L HCl、6 mol/L HCl、2 mol/L HNO_3、6 mol/L HNO_3、浓 HNO_3、2 mol/L $NH_3\cdot H_2O$、2 mol/L NaOH、2 mol/L HAc、$ZnSO_4$ 溶液（饱和）、$Ba(OH)_2$ 溶液（饱和）、1% $Na_2[Fe(CN)_5NO]$ 溶液、0.1 mol/L $K_4[Fe(CN)_6]$、12% $(NH_4)_2CO_3$ 溶液、0.1 mol/L $AgNO_3$、0.02 mol/L Ag_2SO_4、1 mol/L $BaCl_2$、尿素（s）、$PbCO_3$(s)、$FeSO_4\cdot 7H_2O$(s)、CCl_4、3% H_2O_2、0.1 mol/L $(NH_4)_2MoO_4$、0.01 mol/L $KMnO_4$、I_2-淀粉溶液、KI-淀粉溶液、氯水、混合阴离子未知溶液。

材料：pH 试纸、醋酸铅试纸、带塞的导管。

四、实验步骤

1. 领取混合阴离子未知溶液，先进行初步鉴定，确定可能存在哪些阴离子，可能不存在哪些阴离子，然后再做阴离子的个别鉴定。

(1) Cl^- 的鉴定

取 10 滴试样于试管中，加入 5 滴 2 mol/L HNO_3 溶液（或 6 mol/L HNO_3 溶液）和 1 mL 0.1 mol/L $AgNO_3$ 溶液，有白色沉淀产生，水浴加热，离心分离。向沉淀中滴入 2 mol/L $NH_3 \cdot H_2O$溶液（或 12%$(NH_4)_2CO_3$ 溶液），水浴加热，摇荡使沉淀溶解，再加 2 滴 2 mol/L HNO_3 溶液，又有白色沉淀产生，表示有 Cl^- 存在。

$$Cl^- + Ag^+ \longrightarrow AgCl\downarrow$$

$$AgCl\downarrow + 2NH_3 \longrightarrow [Ag(NH_3)_2]^+ + Cl^-$$

$$[Ag(NH_3)_2]^+ + Cl^- + 2H^+ \longrightarrow AgCl\downarrow + 2NH_4^+$$

(2) Br^- 的鉴定

取 10 滴试样于试管中，加 1 滴 2 mol/L H_2SO_4 和 0.5 mL CCl_4，再逐滴加入氯水，边加边摇荡试管，若 CCl_4 层颜色呈红棕色，表示有 Br^-存在。

$$2Br^- + Cl_2 \longrightarrow Br_2 + 2Cl^- \text{（}Br_2\text{ 在 }CCl_4\text{ 层中呈红棕色）}$$

若氯水过量，则生成 BrCl 而变为淡黄色。

$$Br_2 + Cl_2 \longrightarrow 2BrCl$$

(3) I^- 的鉴定

取 10 滴试样于试管中，加 1 滴 2 mol/L H_2SO_4 和 0.5 mL CCl_4，再逐滴加入氯水，边加边摇荡试管，若 CCl_4 层颜色呈紫色，表示有 I^- 存在。

$$2I^- + Cl_2 \longrightarrow I_2 + 2Cl^- \text{（}I_2\text{ 在 }CCl_4\text{ 层中呈紫色）}$$

若氯水过量，紫色将褪至无色。因 I_2 能与过量氯水反应生成无色溶液。

$$I_2 + 5Cl_2 + 6H_2O \longrightarrow 2HIO_3 + 10HCl$$

(4) NO_3^- 的鉴定

Br^-、I^- 和NO_2^- 干扰NO_3^- 的鉴定。取 10 滴试样于试管中，加入 5 滴 2 mol/L H_2SO_4 溶液和 5 滴 0.02 mol/L Ag_2SO_4 溶液，此步的目的是去除 Br^- 和 I^- 的干扰，使 Br^- 和 I^- 生成沉淀后分离出去。在清液中加入尿素固体并加热，此步的目的是去除NO_2^- 对鉴定NO_3^- 的干扰。在溶液中加入少量 $FeSO_4 \cdot 7H_2O$ 晶体，摇荡试管使其溶解。然后斜持试管，沿管壁小心地滴加 1 mL 浓 H_2SO_4，静置片刻，若 H_2SO_4 层与水溶液层的界面处有“棕色环”出现，表示有 NO_3^- 存在。

$$2NO_2^- + CO(NH_2)_2 + 2H^+ \longrightarrow 2N_2\uparrow + CO_2\uparrow + 3H_2O$$

（NO_3^- 与 $FeSO_4$ 溶液在浓 H_2SO_4 介质中反应生成棕色的$[Fe(NO)]^{2+}$）

$$3Fe^{2+} + NO_3^- + 4H^+ \longrightarrow 3Fe^{3+} + NO\uparrow + 2H_2O$$

$$Fe^{2+} + NO \longrightarrow [Fe(NO)]^{2+}$$

(5) NO_2^- 的鉴定

I^- 干扰NO_2^- 的鉴定。取 10 滴试样于试管中，加入 10 滴 0.02 mol/L Ag_2SO_4 溶液，此步的目的是去除 I^- 的干扰，使 I^- 生成 AgI 沉淀后分离出去。在清液中加入少量 $FeSO_4 \cdot 7H_2O$ 晶体，摇荡试管使其溶解，再加入 10 滴 2 mol/L HAc 溶液，若溶液呈淡棕色，表示有NO_2^- 存在。另一种鉴定方法是向除 I^- 后的酸化试样中加入 KI－淀粉溶液，摇荡试管，若溶液呈蓝色，则表示有NO_2^- 存在。

NO_2^- 与 $FeSO_4$ 溶液在 HAc 介质中反应生成棕色的$[Fe(NO)(H_2O)_5]^{2+}$（简写为

$[Fe(NO)]^{2+}$）

$$Fe^{2+} + NO_2^- + 2HAc \longrightarrow Fe^{3+} + NO\uparrow + H_2O + 2Ac^-$$
$$Fe^{2+} + NO \longrightarrow [Fe(NO)]^{2+}$$

(6) SO_4^{2-} 的鉴定

CO_3^{2-}、SO_3^{2-} 和 $S_2O_3^{2-}$ 干扰 SO_4^{2-} 的鉴定。取 10 滴试样于试管中，加 6 mol/L HCl 溶液至无气泡产生，再多加 2 滴，此步的目的是去除 CO_3^{2-}、SO_3^{2-} 和 $S_2O_3^{2-}$ 的干扰。加 2 滴 1 mol/L $BaCl_2$ 溶液，若生成白色沉淀，表示有 SO_4^{2-} 存在。

(7) SO_3^{2-} 的鉴定

S^{2-} 干扰 SO_3^{2-} 的鉴定。取 10 滴试样于试管中，加入固体 $PbCO_3$，若沉淀由白色变为黑色，则要再加 $PbCO_3$ 固体，直到沉淀呈灰色为止，此步的目的是去除 S^{2-} 的干扰。取 1 滴清液于点滴板上，加饱和 $ZnSO_4$ 溶液、0.1 mol/L $K_4[Fe(CN)_6]$溶液和 1% $Na_2[Fe(CN)_5NO]$溶液各 1 滴，最后再加 1 滴 2 mol/L $NH_3\cdot H_2O$ 将溶液调到中性（注意：酸性红色沉淀消失），用玻璃棒搅拌，若生成红色配合物或沉淀，表示有 SO_3^{2-} 存在。

(8) $S_2O_3^{2-}$ 的鉴定

S^{2-} 干扰 $S_2O_3^{2-}$ 的鉴定。取 1 滴除 S^{2-} 试样（方法同上）于点滴板上，加 1 滴 0.1 mol/L $AgNO_3$ 溶液至生成白色沉淀，若沉淀颜色由白色→黄色→棕色→黑色，表示有 $S_2O_3^{2-}$ 存在。

$$S_2O_3^{2-} + 2Ag^+ \longrightarrow Ag_2S_2O_3\downarrow$$

$Ag_2S_2O_3$ 白色沉淀能迅速分解为 Ag_2S 和 H_2SO_4。这一过程伴随沉淀颜色由白色→黄色→棕色→黑色。

$$Ag_2S_2O_3\downarrow + H_2O \longrightarrow Ag_2S\downarrow + H_2SO_4$$

(9) S^{2-} 的鉴定

S^{2-} 含量少时，取 1 滴试样于点滴板上，加 1 滴 2 mol/L NaOH 溶液使溶液呈碱性，再加 1 滴 1%$Na_2[Fe(CN)_5NO]$溶液，若溶液呈紫色（即生成紫色的配合物$[Fe(CN)_5NOS]^{4-}$），表示有 S^{2-} 存在。S^{2-} 含量多时，取 10 滴试样于试管中，加 2 mol/L HCl 溶液酸化，试管口逸出的气体使湿润的醋酸铅试纸变黑，表示有 S^{2-} 存在。

$$S^{2-} + [Fe(CN)_5NO]^{2-} \longrightarrow [Fe(CN)_5NOS]^{4-}$$
$$S^{2-} + 2HCl \longrightarrow 2Cl^- + H_2S\uparrow$$

(10) PO_4^{3-} 的鉴定

S^{2-}、SO_3^{2-} 和 $S_2O_3^{2-}$ 等还原性离子存在时，能使 Mo(Ⅵ)还原成低氧化值化合物而破坏试剂，另大量的 Cl^- 能降低反应的灵敏度。因此，要预先加浓 HNO_3，并水浴加热，以除去这些离子的干扰。取 10 滴试样于试管中，加 0.5 mL 浓 HNO_3，在水浴锅上微热到 40 ℃～45 ℃，再加1 mL 0.1 mol/L $(NH_4)_2MoO_4$ 试剂，若有黄色沉淀（磷钼酸铵）生成，表示有PO_4^{3-} 存在。

$$PO_4^{3-} + 12\,MoO_4^{2-} + 24H^+ + 3NH_4^+ \longrightarrow (NH_4)_3PO_4\cdot 12MoO_3\cdot 6H_2O\downarrow + 6H_2O$$

(11) CO_3^{2-} 的鉴定

SO_3^{2-}、S^{2-} 和 $S_2O_3^{2-}$ 干扰 CO_3^{2-} 的鉴定。取 10 滴试样于试管中，加 10 滴 3%H_2O_2 溶液，水浴加热，以去除 SO_3^{2-}、S^{2-} 和 $S_2O_3^{2-}$ 对鉴定 CO_3^{2-} 的干扰，使之氧化为 SO_4^{2-}。再向溶液中加入 6 mol/L HCl 溶液，立即用带导管的塞子塞紧试管口，将产生的气体通入 $Ba(OH)_2$ 饱和溶液，如有白色沉淀产生，表示有 CO_3^{2-} 存在。

$$SO_3^{2-} + H_2O_2 \longrightarrow SO_4^{2-} + H_2O$$
$$S^{2-} + 4H_2O_2 \longrightarrow SO_4^{2-} + 4H_2O$$
$$S_2O_3^{2-} + 4H_2O_2 \longrightarrow 2SO_4^{2-} + 2H^+ + 3H_2O$$
$$CO_3^{2-} + 2HCl \longrightarrow 2Cl^- + H_2O + CO_2\uparrow$$
$$CO_2\uparrow + Ba(OH)_2 \longrightarrow BaCO_3\downarrow + H_2O$$

2. 给出鉴定结果，写出主要鉴定步骤和反应方程式。

五、思考题

1. 如试样显酸性，以上 11 种阴离子哪些阴离子不可能存在？
2. 鉴定SO_4^{2-}时，怎样除去CO_3^{2-}、SO_3^{2-}和$S_2O_3^{2-}$的干扰？
3. 鉴定NO_3^-时，怎样除去NO_2^-、Br^-和I^-的干扰？

六、注意事项

1. 由于酸碱性和氧化还原性的限制，很多阴离子不能共存于同一溶液中。如 PbS 与 HCl 生成配合物 $H_2[PbCl_4]$，PbS 与 HNO_3 生成 $Pb(NO_3)_2$。共存于溶液中的各离子彼此干扰较少，且许多阴离子有特征反应。

2. 由于阴离子间相互干扰较少，实际上许多离子共存的机会也较少，因此大多数阴离子一般都采用分别分析的方法，只有少数相互有干扰的离子才采用系统分析法，如SO_3^{2-}、$S_2O_3^{2-}$、S^{2-}、Cl^-、Br^-和I^-等。为了了解溶液中离子的存在情况，对阴离子进行系统分组还是必要的，但分组的主要目的不是用于离子分离，而是用于预先确定哪些离子可能存在。

3. 为了提高分析结果的准确性，应进行“空白试验”和“对照试验”。“空白试验”是以去离子水代替试样，而“对照试验”是用已知含有被检验离子的溶液代替试样。

4. 许多阴离子只在碱性溶液中存在或共存，一旦溶液被酸化，它们就会分解或相互间发生反应。酸性条件下易分解的有NO_2^-、SO_3^{2-}、$S_2O_3^{2-}$、S^{2-}和CO_3^{2-}；酸性条件下氧化性阴离子NO_2^-、NO_3^-、SO_3^{2-}可与还原性阴离子I^-、SO_3^{2-}、$S_2O_3^{2-}$、S^{2-}发生氧化还原反应。还有些阴离子易被空气氧化，如NO_2^-、S^{2-}和SO_3^{2-}易被空气氧化成NO_3^-、S 和SO_4^{2-}，所以分析不当容易造成误差。

实验二十二　混合阳离子未知溶液的定性鉴定

一、实验目的

1. 巩固无机化学理论知识及元素和其化合物的性质。
2. 掌握系统分析法分离分组混合阳离子。

3. 掌握常见二十余种阳离子的主要性质和鉴定方法。

二、实验原理

最常见的阳离子大约有二十余种，在阳离子的鉴定反应中，相互干扰的情况较多，很少采用分别分析法，通常采用系统分析法。即利用阳离子的某些共性先将它们分成几组，然后再根据它们的个性进行个别鉴定。本实验采用两酸两碱系统法，将最常见的二十余种阳离子分为六组，见图 6-2，分别进行分离鉴定。

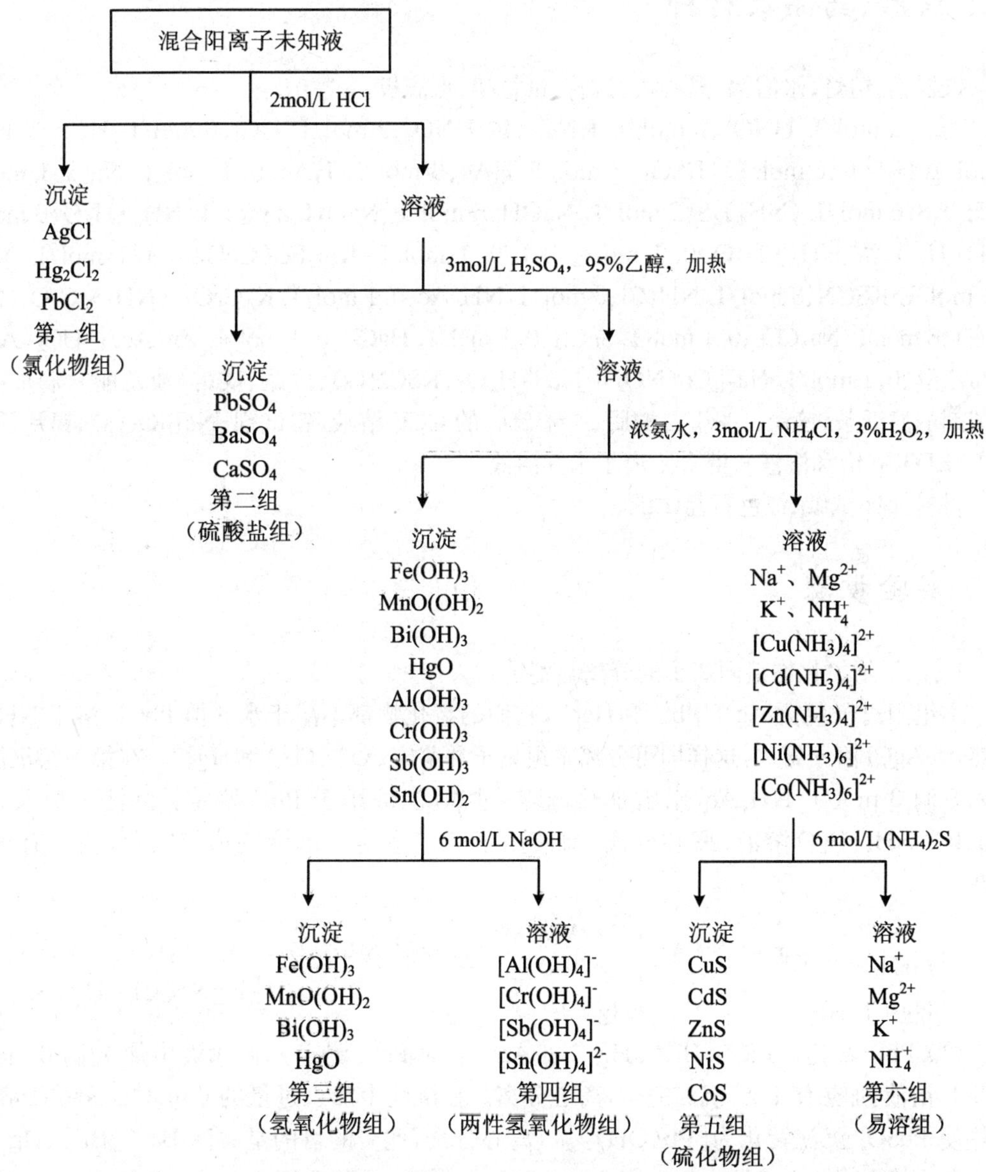

图 6-2　两酸两碱系统法分离混合阳离子未知溶液示意图

两酸两碱系统法的步骤是：① 用HCl溶液将能形成氯化物沉淀的Ag^+、Pb^{2+}和Hg_2^{2+}分离出来；② 用H_2SO_4溶液将能形成难溶硫酸盐的Ba^{2+}、Pb^{2+}和Ca^{2+}分离出来；③ 用$NH_3 \cdot H_2O$将溶液分为两组，一组是能形成氨配离子的Cu^{2+}、Cd^{2+}、Zn^{2+}、Co^{2+}和Ni^{2+}通过硫化物沉淀分离出来；另一组是将易溶的Na^+、K^+、Mg^{2+}和NH_4^+分离出来；④ NaOH溶液将剩余的离子进一步分成两组，一组是将能形成两性氢氧化物的Al^{3+}、Cr^{3+}、Sn^{2+}和Sb^{3+}分离出来；另一组是形成氢氧化物沉淀的Fe^{2+}、Fe^{3+}、Bi^{3+}、Mn^{2+}和Hg^{2+}。分组之后再进行个别鉴定。

三、仪器、药品及材料

仪器：酒精灯、水浴锅、离心机、试管、试管架、点滴板。

药品：2 mol/L HNO_3、6 mol/L HNO_3、浓HNO_3、2 mol/L HCl、6 mol/L HCl、浓HCl、3 mol/L H_2SO_4、6 mol/L H_2SO_4、3 mol/L HAc、6 mol/L HAc、0.1 mol/L Na_2S、1 mol/L $(NH_4)_2S$、6 mol/L $(NH_4)_2S$、2 mol/L NaOH、6 mol/L NaOH、2 mol/L $NH_3 \cdot H_2O$、6 mol/L $NH_3 \cdot H_2O$、浓$NH_3 \cdot H_2O$、0.1 mol/L KI、0.1 mol/L $K_4[Fe(CN)_6]$、0.1 mol/L NaF、0.1 mol/L KSCN、3 mol/L NH_4Cl、3 mol/L NH_4Ac、0.1 mol/L K_2CrO_4、$(NH_4)_2C_2O_4$(饱和溶液)、6 mol/L Na_2CO_3、0.1 mol/L $SnCl_2$、0.1 mol/L $HgCl_2$、0.1 mol/L $Zn(Ac)_2 \cdot UO_2(Ac)_2$、95%乙醇、0.1 mol/L $Na_3[Co(NO_2)_6]$、3% H_2O_2、KSCN(s)、丙酮、戊醇(或乙醚)、滴加奈斯勒试剂的滤纸条、锌粉、1%丁二酮肟、二苯硫腙的CCl_4溶液、铝试剂、$NaBiO_3$(s)、锡片、镁试剂Ⅰ、EDTA(饱和溶液)、混合阳离子未知溶液。

材料：pH试纸、红色石蕊试纸。

四、实验步骤

1. 第一组氯化物组阳离子的分离与鉴定

本组阳离子包括Ag^+、Pb^{2+}和Hg_2^{2+}，它们的氯化物都不溶于水。但$PbCl_2$溶于NH_4Ac和热水，AgCl溶于氨水，这样即可分离本组离子并鉴定Ag^+、Pb^{2+}和Hg_2^{2+}。在第一组沉淀中加入5滴3 mol/L NH_4Ac，水浴加热，趁热过滤，滤液用于Pb^{2+}鉴定。沉淀中加入5滴6 mol/L $NH_3 \cdot H_2O$溶液，离心分离，清液用于Ag^+鉴定。沉淀变为黑灰色，表示有Hg_2^{2+}存在。

$$\begin{cases} AgCl(s) \\ PbCl_2(s) \\ Hg_2Cl_2(s) \end{cases} \xrightarrow[\text{加热}]{3\ mol/L\ NH_4Ac} \begin{cases} [PbAc]^+(aq) \\ AgCl(s) \\ Hg_2Cl_2(s) \end{cases} \xrightarrow{6\ mol/L\ NH_3 \cdot H_2O} \begin{cases} [Ag(NH_3)_2]^+(aq) \\ [HgNH_2Cl + Hg](s) \end{cases}$$

(1) Pb^{2+}鉴定。Ba^{2+}、Bi^{3+}、Hg^{2+}和Ag^+干扰Pb^{2+}鉴定。于滤液中加2滴6 mol/L H_2SO_4溶液，加热使Pb^{2+}沉淀完全，离心分离。在沉淀中加入过量的6 mol/L NaOH溶液，加热使$PbSO_4$沉淀转化为$[Pb(OH)_3]^-$，离心分离，此步的目的是去除Ba^{2+}、Bi^{3+}、Hg^{2+}和Ag^+离子的干扰。在清液中加2滴6 mol/L HAc溶液，再加2滴0.1 mol/L K_2CrO_4，如有黄色沉淀产生，且该沉淀溶于浓HNO_3或NaOH溶液，即表示溶液中含有Pb^{2+}。

$$Pb^{2+} + CrO_4^{2-} \longrightarrow PbCrO_4 \downarrow$$

$$2PbCrO_4 \downarrow + 2H^+(浓) \longrightarrow 2Pb^{2+} + Cr_2O_7^{2-} + H_2O$$

$$PbCrO_4 \downarrow + 3OH^- \longrightarrow [Pb(OH)_3]^- + CrO_4^{2-}$$

(2) Ag^+ 鉴定。于清液中加 5 滴 2 mol/L HCl 溶液，水浴加热使 Ag^+ 沉淀完全，离心分离，将沉淀洗涤后加入 6 mol/L $NH_3 \cdot H_2O$ 溶液，沉淀溶解，再加 2 滴 2 mol/L HNO_3 溶液，又有白色沉淀生成，表示有 Ag^+ 存在。或在清液中加入 2 滴 0.1 mol/L KI 溶液，如有黄色沉淀生成，表示有 Ag^+ 存在。

$$AgCl \downarrow + 2NH_3 \longrightarrow [Ag(NH_3)_2]^+ + Cl^-$$

$$[Ag(NH_3)_2]^+ + Cl^- + 2H^+ \longrightarrow AgCl \downarrow + 2NH_4^+$$

$$Ag^+ + KI \longrightarrow AgI \downarrow + K^+$$

(3) Hg_2^{2+} 鉴定。若沉淀变为黑灰色，表示有 Hg_2^{2+} 存在。

$$Hg_2Cl_2 + 2NH_3 \rightleftharpoons HgNH_2Cl(s,白) + Hg(l,黑) + NH_4Cl$$

无其他阳离子干扰。

2. 第二组硫酸盐组阳离子的分离与鉴定

$$\left\{\begin{matrix} PbSO_4(s) \\ BaSO_4(s) \\ CaSO_4(s) \end{matrix}\right. \xrightarrow[加热]{3mol/L\ NH_4Ac} \left\{\begin{matrix} [PbAc]^+(aq) \\ BaSO_4(s) \\ CaSO_4(s) \end{matrix}\right. \xrightarrow{6mol/L\ NaCO_3} \left\{\begin{matrix} BaCO_3(s) \\ CaCO_3(s) \end{matrix}\right. \xrightarrow{3mol/L\ HAc} \left\{\begin{matrix} Ba^{2+}(aq) \\ Ca^{2+}(aq) \end{matrix}\right.$$

(1) Pb^{2+} 鉴定。同上。

(2) Ba^{2+} 鉴定。Pb^{2+}、Hg^{2+} 和 Ag^+ 干扰 Ba^{2+} 鉴定。取上述分离过的溶液 2 滴于试管中，加浓 $NH_3 \cdot H_2O$ 使溶液呈碱性，再加少量锌粉，水浴加热，离心分离，目的是使干扰离子还原成金属单质而除去。在清液中滴加 6 mol/L HAc 酸化并调节溶液的 pH = 4～5，加 2 滴 0.1 mol/L K_2CrO_4 溶液，水浴加热，若有黄色沉淀生成，表示有 Ba^{2+} 存在。离心分离，清液用于 Ca^{2+} 鉴定。

(3) Ca^{2+} 鉴定。上面的沉淀分离后，在清液中加入 2 滴饱和 $(NH_4)_2C_2O_4$ 溶液，水浴加热后，慢慢地生成白色沉淀，表示有 Ca^{2+} 存在。

3. 第三组氢氧化物组阳离子的分离与鉴定

$$\left\{\begin{matrix} Fe(OH)_3(s) \\ MnO(OH)_2(s) \\ Bi(OH)_3(s) \\ HgO(s) \end{matrix}\right. \xrightarrow{6mol/L\ HCl} \left\{\begin{matrix} Fe^{3+}(aq) \\ Mn^{2+}(aq) \\ Bi^{3+}(aq) \\ Hg^{2+}(aq) \end{matrix}\right.$$

(1) Fe^{3+} 鉴定。取上述分离过的溶液 1 滴于点滴板上，加 1 滴 2 mol/L HCl 酸化，再加 1 滴 0.1 mol/L KSCN 溶液，若溶液呈红色，表示有 Fe^{3+} 存在。或取上述分离过的溶液 1 滴于点滴板上，加 1 滴 2 mol/L HCl 酸化，再加 1 滴 0.1 mol/L $K_4[Fe(CN)_6]$ 溶液，如立即生成蓝色沉淀，表示有 Fe^{3+} 存在。

$$Fe^{3+} + nSCN^- \longrightarrow [Fe(NCS)_n]^{3-n} \quad (n = 1 \sim 6)$$

$$\chi Fe^{3+} + \chi K^+ + \chi [Fe(CN)_6]^{4-} \longrightarrow [KFe(CN)_6Fe]_x \downarrow$$

(2) Mn^{2+} 鉴定。取上述分离过的溶液 2 滴于试管中，加 1 滴 6 mol/L HNO_3 酸化，再加少量 $NaBiO_3$ 固体，水浴加热，如上层清液呈紫红色，表示有 Mn^{2+} 存在。

(3) Bi^{3+} 鉴定。Cu^{2+} 和 Cd^{2+} 离子干扰 Bi^{3+} 鉴定。取上述分离过的溶液 2 滴于试管中，加入浓 $NH_3 \cdot H_2O$，使 Bi^{3+} 生成 $Bi(OH)_3$ 沉淀，离心分离，弃去清液，此步的目的是除去 Cu^{2+} 和 Cd^{2+} 离子的干扰。洗涤沉淀，在沉淀中，再加少量新配制的 $Na_2[Sn(OH)_4]$溶液，如沉淀变黑，表示有 Bi^{3+} 存在。

$$SnCl_2 + 2NaOH \longrightarrow Sn(OH)_2 \downarrow + 2NaCl$$

$$Sn(OH)_2 \downarrow + 2NaOH \longrightarrow Na_2[Sn(OH)_4]$$

$$3[Sn(OH)_4]^{2-} + 2Bi(OH)_3 \longrightarrow 2Bi \downarrow + 3[Sn(OH)_6]^{2-}$$

在碱性溶液中$[Sn(OH)_4]^{2-}$能把 Bi^{3+} 还原为黑色的金属铋。

(4) Hg^{2+} 鉴定。取上述分离过的溶液 2 滴于试管中，加 2 滴 0.1 mol/L $SnCl_2$，如有白色沉淀生成，并逐渐转变为灰色或黑色，表示有 Hg^{2+} 存在。

4. 第四组两性氢氧化物组阳离子的分离与鉴定

本组阳离子包括 Al^{3+}、Cr^{3+}、Sb^{3+} 和 Sn^{2+}，本组离子虽然不用分离，但鉴定时相互有干扰，应注意。

(1) Al^{3+} 鉴定。Cu^{2+}、Cr^{3+}、Ca^{2+}、Fe^{3+} 和 Bi^{3+} 干扰 Al^{3+} 鉴定。取第四组溶液 2 滴于试管中，加 6 mol/L NaOH 溶液至过量，再加 2 滴 3% H_2O_2 溶液，水浴加热，离心分离，此步的目的是使 Fe^{3+} 和 Bi^{3+} 生成 $Fe(OH)_3$ 和 $Bi(OH)_3$ 而除去。加 6 mol/L HAc 酸化，调 pH = 6～7，加 2 滴铝试剂，摇荡试管后，放置片刻，加 6 mol/L $NH_3 \cdot H_2O$ 碱化，水浴加热，离心分离，此步的目的是除去 Cu^{2+}、Cr^{3+} 和 Ca^{2+} 干扰，用去离子水洗涤沉淀，如沉淀为红色，表示有 Al^{3+} 存在。

(2) Cr^{3+} 鉴定。取第四组溶液 2 滴于试管中，逐滴加入 6 mol/L NaOH（或 2 mol/L NaOH）溶液至过量，有亮绿色的$[Cr(OH)_4]^-$生成。然后滴加 3% H_2O_2 溶液，水浴加热，有黄色的CrO_4^{2-} 生成。待试管冷却，再补加 2 滴 3% H_2O_2 溶液，加 1 mL 戊醇（或乙醚），再慢慢滴入 6 mol/L HNO_3 溶液，摇荡试管，如戊醇层呈蓝色，表示有 Cr^{3+} 存在。

$$Cr^{3+} + 3OH^- \longrightarrow Cr(OH)_3 \downarrow$$

$$Cr(OH)_3 + OH^- \longrightarrow [Cr(OH)_4]^-$$

$$2[Cr(OH)_4]^- + 3H_2O_2 + 2OH^- \longrightarrow 2\,CrO_4^{2-} + 8H_2O$$

$$2\,CrO_4^{2-} + 2H^+ \longrightarrow Cr_2O_7^{2-} + H_2O$$

$$Cr_2O_7^{2-} + 4H_2O_2 + 2H^+ \longrightarrow 2CrO(O_2)_2 + 5H_2O$$

注意：溶液酸度应控制在 pH = 2～3，当酸度过大时，如 pH < 1

$$CrO(O_2)_2 + 12H^+ \longrightarrow 4Cr^{3+} + 7O_2 + 6H_2O$$

(3) Sb^{3+} 鉴定。Bi^{3+} 和Hg_2^{2+} 干扰 Sb^{3+} 鉴定。取第四组溶液 2 滴于试管中，加 6 mol/L $NH_3 \cdot H_2O$ 溶液碱化，加 2 滴 1 mol/L $(NH_4)_2S$ 溶液，水浴加热，离心分离。在清液中加 6 mol/L HCl 溶液酸化，水浴加热，离心分离，弃去清液，此步的目的是除去干扰离子 Bi^{3+} 和 Hg_2^{2+}。在沉淀中加 2 滴浓 HCl，水浴加热，使 Sb_2S_3 溶解，然后放入一小片光亮的锡片，锡片上出现黑色，表示有 Sb^{3+} 存在。

(4) Sn^{2+} 鉴定。取第四组溶液 2 滴于试管中，加 2 滴 0.1 mol/L $HgCl_2$ 溶液，若有白色沉淀生成，再滴入 2 滴 0.1 mol/L $SnCl_2$ 溶液，有黑色的单质汞析出，表示有 Sn^{2+} 存在。

5. 第五组硫化物组阳离子的分离与鉴定

$$\left\{\begin{array}{l}CuS(s)\\CdS(s)\\ZnS(s)\\NiS(s)\\CoS(s)\end{array}\right.\xrightarrow{2\ mol/L\ HCl}\left\{\begin{array}{l}CuS(s)\\CdS(s)\\Zn^{2+}(aq)\\Ni^{2+}(aq)\\Co^{2+}(aq)\end{array}\right.\xrightarrow{6\ mol/L\ HCl}\left\{\begin{array}{l}Cd^{2+}(aq)\xrightarrow{浓HNO_3}Cu^{2+}(aq)\\CuS(s)\end{array}\right.$$

(1) Zn^{2+} 鉴定。取已加入 2 mol/L HCl 分离过的第五组溶液 2 滴于试管中，加 5 滴 6 mol/L NaOH 溶液使溶液呈强碱性，再加 0.5 mL 二苯硫腙的 CCl_4 溶液，摇荡试管，如水溶液层显粉红色，CCl_4 层由绿色变为棕色。表示有 Zn^{2+} 存在。

(2) Ni^{2+} 鉴定。Fe^{2+}、Fe^{3+}、Cu^{2+} 和 Co^{2+} 干扰 Ni^{2+} 鉴定，加 EDTA 掩蔽。取已加入 2 mol/L HCl 分离过的第五组溶液 2 滴于试管中，加 2 滴 2 mol/L $NH_3 \cdot H_2O$ 使溶液处于弱碱性，再加 1 滴 1%丁二酮肟溶液，若生成鲜红色螯合物沉淀。表示有 Ni^{2+} 存在。

$$Ni^{2+} + 2DMG \longrightarrow 2Ni(DMG)\downarrow + 2H^+$$

(3) Co^{2+} 鉴定。Fe^{3+} 和 Ni^{2+} 干扰 Co^{2+} 鉴定，加 NaF 掩蔽。取已加入 2 mol/L HCl 分离过的第五组溶液 2 滴于试管中，加 1 滴 2 mol/L HCl 使溶液呈酸性，滴入 2 滴丙酮，再加少量 KSCN 晶体，若溶液呈鲜艳的蓝色，表示有 Co^{2+} 存在。

$$Co^{2+} + 4SCN^- \longrightarrow [Co(SCN)_4]^{2-}$$

(4) Cd^{2+} 鉴定。取已加入 6 mol/L HCl 分离过的第五组溶液 2 滴于试管中，加 2 滴 0.1 mol/L Na_2S 溶液，有黄色的 CdS 沉淀生成，向沉淀中加入 6 mol/L HCl 溶液，黄色的 CdS 沉淀溶解，再加 1 滴 6 mol/L NaOH 溶液以降低溶液酸度，又有黄色的 CdS 沉淀析出，表示有 Cd^{2+} 存在。

$$CdS\downarrow + 4HCl \longrightarrow H_2[CdCl_4] + H_2S$$

(5) Cu^{2+} 鉴定。Fe^{3+} 干扰 Cu^{2+} 鉴定，加 NaF 掩蔽。取第五组最后分离过的溶液 1 滴于点滴板上，加 1 滴 0.1 mol/L $K_4[Fe(CN)_6]$溶液，若生成红棕色的沉淀，表示有 Cu^{2+} 存在。

$$2Cu^{2+} + [Fe(CN)_6]^{4-} \longrightarrow Cu_2[Fe(CN)_6]\downarrow$$

6. 第六组易溶组阳离子的分离与鉴定

本组阳离子是 Na^+、K^+、Mg^{2+} 和 NH_4^+，它们是在阳离子分组后最后一步获得的，为避免阳离子分离中引入其他离子而对本组离子的鉴定结果产生干扰，所以鉴定本组阳离子时，最好取原阳离子未知溶液进行。

(1) Na^+ 鉴定。取原未知溶液 5 滴于试管中，加 6 mol/L $NH_3 \cdot H_2O$ 中和至碱性，再加入 6 mol/L HAc 溶液酸化，然后加入 EDTA 掩蔽其他干扰离子。最后加入 5 滴 0.1 mol/L $Zn(Ac)_2 \cdot UO_2(Ac)_2$，摇荡试管，放置片刻，如有淡黄色晶体状沉淀生成，表示有 Na^+ 存在。

(2) K^+ 鉴定。Fe^{3+}、Cu^{2+}、Co^{2+}、Ni^{2+} 和 NH_4^+ 干扰 K^+ 鉴定。取原未知溶液 5 滴于试管中，加 5 滴 6 mol/L NaOH 溶液，水浴加热，使 Fe^{3+}、Cu^{2+}、Co^{2+}、Ni^{2+} 变为氢氧化物沉淀，离心分离，除去干扰离子。在清液中滴入 6 mol/L HAc 将溶液调至呈中性或弱酸性，再加 2 滴 0.1 mol/L $Na_3[Co(NO_2)_6]$溶液，水浴加热数分钟，此步是除去 NH_4^+ 干扰。如有黄色沉淀生成，表示有 K^+ 存在。

(3) Mg^{2+} 鉴定。取原未知溶液 1 滴于点滴板上，加 2 滴 EDTA 饱和溶液以掩蔽干扰离子，加 1 滴镁试剂 Ⅰ 和 1 滴 6 mol/L NaOH 溶液，如有蓝色沉淀生成，表示有 Mg^{2+} 存在。

(4) NH_4^+ 鉴定。取原未知溶液 5 滴于试管中，加入 2 mol/L NaOH 使溶液呈碱性，微热，如生成的气体使红色石蕊试纸变蓝，表示有 NH_4^+ 存在。或取原未知溶液 5 滴于试管中，加入 2 mol/L NaOH 使溶液呈碱性，微热，用滴加奈斯勒试剂（$K_2[HgI_4]$的碱性溶液）的滤纸条检验逸出的气体，如滤纸条上有红棕色斑点出现，表示有 NH_4^+ 存在。

7. 领取混合阳离子未知溶液，利用两酸两碱系统法设计分离、鉴定步骤。

8. 给出未知溶液中所含阳离子的鉴定结果。写出主要反应方程式。

五、思考题

1. 写出你所鉴定的混合阳离子未知溶液的分离和鉴定方案。
2. 如果混合阳离子未知溶液呈碱性，哪些离子可能不存在？

六、注意事项

1. 在一般情况下，为了沉淀完全，加入的沉淀剂只需比理论计量过量 20%～50%。沉淀剂过量太多，会引起较强的盐效应、配合物生成等副作用，反而增大了沉淀的溶解度。
2. 每次取 0.5～1.0 mL 未知溶液做实验。
3. 未知溶液中存在 Al^{3+} 时，一定要控制好沉淀条件，使沉淀完全。否则遗留到 Ni^{2+} 组，在 pH＝10 时，会有 $Al(OH)_3$ 沉淀，误认为是 NiS。
4. 分离后面几组时，若体积过大，可在蒸发皿中蒸发浓缩后再做。
5. 为了提高分析结果的准确性，应进行“空白实验”和“对照实验”。
6. 在混合离子分离过程中，为使沉淀老化需要加热，加热方法通常采用水浴加热。
7. 每步获得沉淀后，都要将沉淀用少量带有沉淀剂的稀溶液或去离子水洗涤 1～2 次。
8. $PbCl_2$ 溶解度较大，并易溶于热水，在 Pb^{2+} 浓度大时才析出沉淀。
9. $CaSO_4$ 溶解度较大，只有当 Ca^{2+} 浓度很大时才析出沉淀。
10. 注意 $Fe(OH)_2$ 和 $Mn(OH)_2$ 还原性很强，在空气中极易被氧化成 $Fe(OH)_3$ 和 $MnO(OH)_2$。
11. 注意配离子$[Co(NH_3)_6]^{2+}$不稳定，在空气中易被氧化成$[Co(NH_3)_6]^{3+}$。
12. $BaSO_4$ 转化为 $BaCO_3$ 较难，可用 Na_2CO_3 溶液进行多次转化。

实验二十三　液体洗衣剂的配制

液体洗衣剂是一种无色或有色的均匀黏稠液体，易溶于水，是一种常用的液体洗涤剂。它由各种表面活性剂、一些助剂、螯合剂和溶剂等配制而成，主要用于除去织物油脂和类似油脂的污垢。无助剂的液体洗涤剂，表面活性剂含量高；含有助剂的液体洗涤剂，表面活性剂含量低些。

织物柔软剂也是一种液体产品。棉织物柔软剂大都含阳离子型和两性离子型表面活性剂，它们与天然织物有较好结合力，使织物柔软丰满，合成纤维柔软剂含烷基酰胺基的疏水化合物。

因为是液体，所以要求液体洗衣剂配方中的各组分必须有良好的相容性，才能保证产品的稳定，使之在一定温度、一定时间内无结晶、无沉淀、不分层、不混浊、不改变气味和不影响使用效果，稳定性主要取决于配方的组成。

一、实验目的

1. 学会液体洗衣剂的配制。
2. 熟悉配方中各成分的作用。

二、实验原理

液体洗衣剂的去污机理以衣服的洗涤来说明。衣服上的污染物常是液体和固体的混合物，以物理－化学或机械作用吸附在衣物纤维的表面上或进入纤维组织之间，既有损于衣物的外观，也有损于衣物的组织而缩短其使用寿命。液体洗衣剂的去污过程，可简单表示为：

织物·污垢＋洗衣剂→织物＋污垢·洗衣剂
（脏的衣物）　　　　（脏的洗衣液）

去污过程的机理比较复杂，大体概括如下：

1. 润湿作用：由于洗衣液中的表面活性剂能降低水的表面张力，从而增加了水对织物的润湿能力，使洗衣液充分渗入纤维之间，表面活性剂分子能和被洗织物上的污垢产生亲合作用，使污垢从织物上分离。

2. 吸附作用：在水和被洗织物以及水和污垢之间都存在着界面，洗衣液中的有效成分被织物和污垢吸附后，改变了界面与织物对污垢的静电引力，使污垢在水里呈悬浮状态。

3. 增溶作用：污垢被裹夹在洗衣液的胶束层之间，产生增溶现象。

4. 机械作用：当污垢和织物吸附表面活性剂时，在人工搓洗或机械作用下，污垢从织物上分离而分散在溶液中，经反复漂洗，污垢即可除去。

三、仪器、药品及材料

仪器：恒温水浴锅、磁力电动搅拌器、天平、烧杯、量筒、玻璃棒、滴管、药匙、温度计。

药品：脂肪醇聚氧乙烯醚硫酸钠（AES）、十二烷基苯磺酸钠（ABS）、脂肪酸二乙醇酰胺（尼诺尔）、壬基酚聚氧乙烯醚（OP－10）、十二烷基二甲基甜菜碱（BS－12）、碳酸钠、硅酸钠、二甲苯磺酸钠（钾）、荧光增白剂、三聚磷酸钠（STPP）、羧甲基纤维素（CMC）、色素、香精、磷酸、氯化钠。

材料：pH 试纸。

四、实验步骤

1. 按表6-3配方将去离子水加入250 mL烧杯中，于水浴锅中加热至60 ℃左右，搅拌下慢慢加入阴离子表面活性剂脂肪醇聚氧乙烯醚硫酸钠(AES)，并不断搅拌10～20 min至完全溶解，此时，温度应控制在60 ℃～65 ℃。

2. 保持温度60 ℃～65 ℃，在持续搅拌下再依次加入十二烷基苯磺酸钠(ABS)、壬基酚聚氧乙烯醚(OP－10)、脂肪酸二乙醇酰胺(尼诺尔)等阴离子和非离子表面活性剂，一直搅拌至全部溶解。

3. 保持温度60 ℃～65 ℃，在上述物质溶解后，在连续搅拌下慢慢地加入两性表面活性剂十二烷基二甲基甜菜碱(BS－12)，边加边搅拌直至完全溶解。

4. 保持温度60 ℃～65 ℃，在不断搅拌下依次加入碱剂碳酸钠和硅酸钠、增(助)溶剂二甲苯磺酸钠(钾)、荧光增白剂、螯合剂三聚磷酸钠(STPP)、抗污垢再沉淀剂羧甲基纤维素(CMC)。注意待前一种物质溶解后再加入后一种物质，边加边搅拌直至完全溶解。

5. 停止加热，将温度降至40 ℃以下，再加少量色素和香精，搅拌均匀。

6. 用磷酸调节溶液的pH≤10.5。

7. 待溶液的温度冷却至室温，用无机增稠剂氯化钠调节黏度。

表6-3 液体洗衣剂的配方

成分	质量分数(%)			
	1	2	3	4
脂肪醇聚氧乙烯醚硫酸钠(AES)	3	3	3	3
十二烷基苯磺酸钠(ABS)	10	20	25	30
壬基酚聚氧乙烯醚(OP－10)	4	5	7	3
脂肪酸二乙醇酰胺(尼诺尔)	3	5	5	4
十二烷基二甲基甜菜碱(BS－12)	2			
碳酸钠		1		1
硅酸钠		2	2	2
二甲苯磺酸钠(钾)			2	2
荧光增白剂	0.2	0.1		
三聚磷酸钠(STPP)		2		
羧甲基纤维素(CMC)	5			
色素	0.1	0.1	0.1	0.1
香精	0.2	0.3	0.4	0.5
氯化钠	2.0	1.5	1.5	1.5
去离子水(mL)	100	100	100	100

以上四种配方贮存稳定，在冷水中去污力强，并赋予织物柔软性和抗静电作用，增白效果好，衣服不褪色，漂洗速度快。同学配制的液体洗衣剂可带回去使用，与超市购买的作一对比。

五、思考题

1. 液体洗衣剂常用的助剂有哪些？简述它们的作用。
2. 简述液体洗衣剂的配制过程？你对这一过程有何评价？请提出一些改进意见。
3. 如果配制的液体洗衣剂透明度不好或黏度低，如何处理和调整配方？

六、注意事项

1. 十二烷基二甲基甜菜碱(BS－12)属两性表面活性剂，具有良好的洗涤和起泡作用，可广泛与阴离子、阳离子和非离子表面活性剂配伍。在酸性介质中呈阳离子型，在碱性介质中呈阴离子型，这一特点使它能与常用的表面活性剂以某种比例并用，起到增效作用。
2. 控制温度；按次序加料；连续搅拌；前一种物料溶解后再加后一种物料。

实验二十四　水泥熟料中 SiO_2、Fe_2O_3、Al_2O_3、CaO 和 MgO 含量的测定

一、实验目的

1. 学会确定试样分析方案，并分步列出测定铁、铝、钙和镁的方法。
2. 掌握重量分析的操作技术。
3. 掌握直接滴定法、返滴定法和差减滴定法。

二、实验原理

在水泥工业中，最常用的硅酸盐水泥熟料主要化学成分为氧化钙、二氧化硅以及少量的氧化铝和氧化铁。其含量大致为：CaO 60%～70%、SiO_2 18%～24%、Al_2O_3 4.0%～9.5%、Fe_2O_3 2.0%～5.5%，其含量总和通常都在95%以上。同时，还要求 MgO<4.5%。熟料中 CaO、SiO_2、Al_2O_3 和 Fe_2O_3 不是以单独氧化物存在的，而是由两种或两种以上的氧化物经过高温化学反应生成的多种矿物的集合体。主要矿物组成有硅酸三钙($3CaO·SiO_2$)、硅酸二钙($2CaO·SiO_2$)、铝酸三钙($3CaO·Al_2O_3$)和铁铝酸四钙($4CaO·Al_2O_3·Fe_2O_3$)。通常熟料中硅酸三钙和硅酸二钙含量约占75%，铝酸三钙和铁铝酸四钙的理论含量约占22%。硅酸盐水

泥熟料加适量石膏共同磨细后，即成硅酸盐水泥。水泥熟料中碱性氧化物占60%以上，因此易为酸所分解，反应方程式为：

$$2CaO \cdot SiO_2 + 4HCl \longrightarrow 2CaCl_2 + H_2SiO_3 + H_2O$$

$$3CaO \cdot SiO_2 + 6HCl \longrightarrow 3CaCl_2 + H_2SiO_3 + 2H_2O$$

$$3CaO \cdot Al_2O_3 + 12HCl \longrightarrow 3CaCl_2 + 2AlCl_3 + 6H_2O$$

$$4CaO \cdot Al_2O_3 \cdot Fe_2O_3 + 20HCl \longrightarrow 4CaCl_2 + 2AlCl_3 + 2FeCl_3 + 10H_2O$$

其中，铁、铝、钙和镁等组分可用酸溶解，酸不溶物即为 SiO_2，经过滤后可在滤液中分别测定铁、铝、钙和镁等组分的含量，由于这4种离子都能在一定条件下与EDTA形成稳定的配合物，但形成配合物的 $K_稳$ 不同，$\lg K_{FeY^-} = 24.33$、$\lg K_{AlY^-} = 16.11$、$\lg K_{CaY^{2-}} = 11.0$、$\lg K_{MgY^{2-}} = 8.64$，因此可利用控制酸度、掩蔽和沉淀等方法分别测定。

硅酸是一种很弱的无机酸，在水溶液中绝大部分以溶胶状态存在，用浓酸和加热蒸干等方法处理后，能使绝大部分硅酸水溶胶脱水成水凝胶析出，用沉淀分离的方法把硅酸与水泥中的其他组分分开，重量法测定 SiO_2 的含量。试样分析方案如下面的流程：

1.

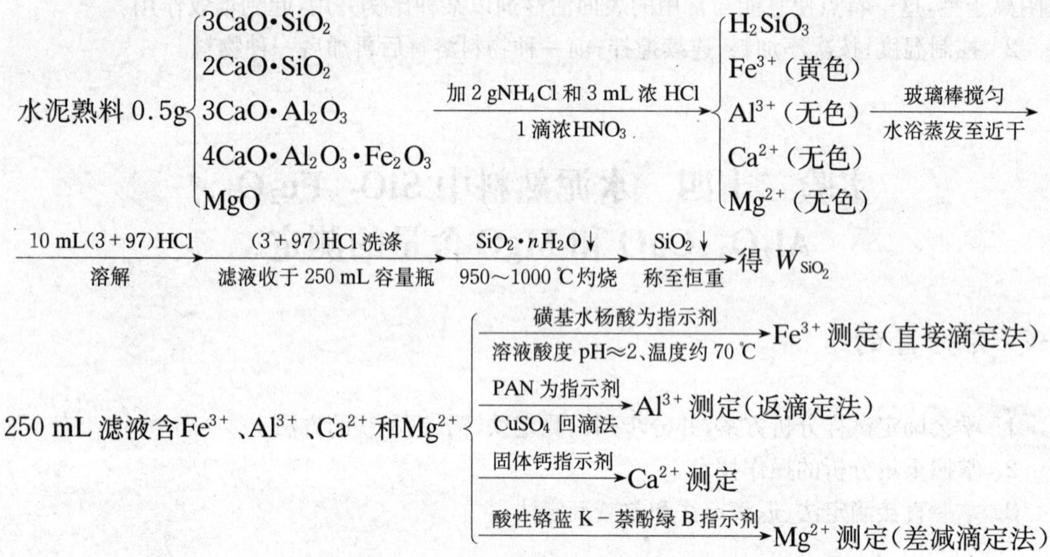

2.

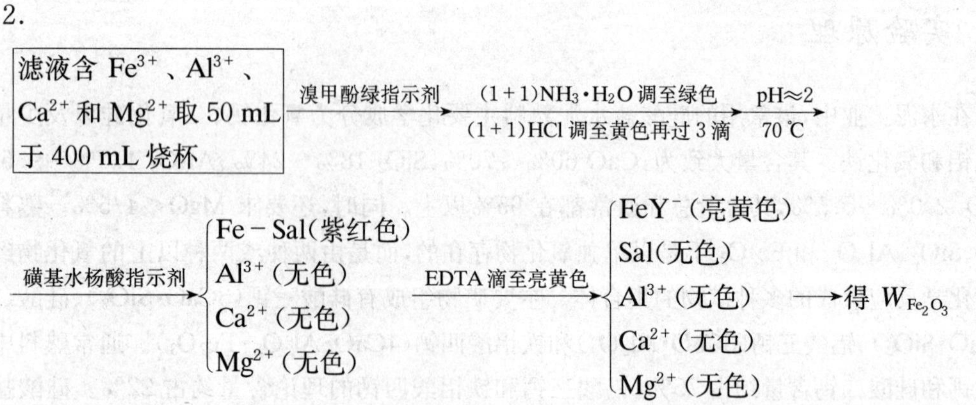

3.

测铁后的滤液 $\xrightarrow[\text{15 mL HAc - NaAc 缓冲溶液}]{\text{20 mL 0.01500 mol/LEDTA}}$ $\xrightarrow[\text{PAN 指示剂}]{\text{煮沸 2 min 冷至 90 ℃}}$
{ PAN(黄色)
H_2Y^{2-}(过量)
AlY^-(无色)
FeY^-(黄色)
Ca^{2+}、Mg^{2+}(无色)

$\xrightarrow{CuSO_4\text{ 滴至紫红色}}$
{ Cu - PAN(红色)
CuY^{2-}(蓝色)
AlY^-(无色)
FeY^-(黄色)
Ca^{2+}、Mg^{2+}(无色)
⟶得 $W_{Al_2O_3}$

4.

滤液含 Fe^{3+}、Al^{3+}、Ca^{2+} 和 Mg^{2+} 取 25 mL 于 250mL 锥形瓶中 $\xrightarrow[\text{加 4 mL(1+1)三乙醇胺}]{\text{加水稀释至 50 mL}}$ $\xrightarrow[\text{钙指示剂}]{\text{5 mL10\% NaOH}}$
{ Ca - Ind^-(酒红色)
$Mg(OH)_2$↓(白色)
Fe^{3+}、Al^{3+} 三乙醇胺配离子(无色)

$\xrightarrow{\text{EDTA 滴至纯蓝色}}$
{ $HInd^{2-}$(纯蓝色)
CaY^{2-}(无色)
$Mg(OH)_2$↓(白色)
Fe^{3+}、Al^{3+} 三乙醇胺配离子(无色)
⟶得 W_{CaO}

5.

滤液含 Fe^{3+}、Al^{3+}、Ca^{2+} 和 Mg^{2+} 取 25 mL 于 250 mL 锥形瓶中 $\xrightarrow[\text{加 1 mL 酒石酸钾钠和 4 mL(1+1)三乙醇胺}]{\text{加水稀释至 50 mL}}$ $\xrightarrow[\text{酸性铬蓝 K - 萘酚绿 B 指示剂}]{\text{5 mLNH}_3 - \text{NH}_4\text{Cl 缓冲溶液}}$

{ Ca - Ind^-(酒红色)
Mg - Ind^-(红色)
Fe^{3+}、Al^{3+} 三乙醇胺配离子(无色)

$\xrightarrow{\text{EDTA 滴至蓝色}}$
{ $HInd^{2-}$(纯蓝色)
CaY^{2-}(无色)
MgY^{2-}(无色)
Fe^{3+}、Al^{3+} 三乙醇胺配离子(无色)
⟶得 $W_{CaO+MgO}$

三、仪器、药品及材料

仪器:50 mL 酸式滴定管、250 mL 锥形瓶、50 mL 量筒、50 mL 小烧杯、400 mL 大烧杯、25 mL 移液管、50 mL 移液管、电炉、石棉网、万分之一分析天平、恒温水浴锅、马沸炉、30 mL 坩埚、坩埚钳、干燥器、定量滤纸、玻璃棒、表面皿、洗瓶、洗耳球。

药品:水泥熟料、固体 NH_4Cl、浓 HCl、浓 HNO_3、(3+97)HCl、0.05%溴甲酚绿指示剂、

(1+1)HCl、(1+1)$NH_3 \cdot H_2O$、10%磺基水杨酸、0.01500 mol/L EDTA 标准溶液、HAc-NaAc 缓冲溶液、0.2% PAN 指示剂、0.01500 mol/L $CuSO_4$ 标准溶液、(1+1)三乙醇胺、10% NaOH、固体钙指示剂、10%酒石酸钾钠、NH_3-NH_4Cl 缓冲溶液、酸性铬蓝 K-萘酚绿 B 指示剂。

材料：称量纸、手套、精密 pH 试纸。

四、实验步骤

1. 空坩埚恒重

将空坩埚放在马沸炉中灼烧，称量，如此反复，直至恒重。

2. SiO_2 的测定

称取水泥熟料 0.5000 g 左右于 50 mL 烧杯中，加 2 g 固体 NH_4Cl，玻璃棒搅匀。盖上表面皿，沿杯嘴加 3 mL 浓 HCl 和 1 滴浓 HNO_3，玻璃棒搅匀，于沸水浴上蒸发至近干。加 10 mL热的(3+97)HCl 分解水泥中的 Ca^{2+}、Al^{3+}、Fe^{3+} 和 Mg^{2+}。定量滤纸过滤，用热的(3+97)HCl 洗涤沉淀，直至沉淀洗纯，不含杂质。沉淀和定量滤纸移入已恒重的空坩埚中，先放在电炉上由低温烤干到高温灰化，再放马沸炉内于 950～1000 ℃高温灼烧 40 min，取出，放冷，于干燥器中冷却至室温，称重，如此反复，直至恒重。

$$\omega_{SiO_2}(\%) = \frac{A-B}{m_{试}} \times 100\%$$

式中：

A：已恒重试样和坩埚的质量，g；

B：已恒重空坩埚的质量，g；

$m_{试}$：精称水泥熟料试样的质量，g。

(1) 浓盐酸的作用是盐酸的蒸发带走水溶性硅酸胶中的水分，使水溶性硅酸胶变成水凝胶析出。

(2) 恒温水浴锅用于控温 100 ℃～110 ℃范围，温度过高 Al^{3+} 和 Fe^{3+} 易水解成碱式盐沉淀，使 SiO_2 含量偏高，Al_2O_3 和 Fe_2O_3 含量偏低。

(3) 固体 NH_4Cl 的作用是 NH_4Cl 的水解需要更多的水，从而就加速了水溶性硅酸胶脱水，促使水溶性硅酸胶变成水凝胶析出。

(4) 浓硝酸的作用是使铁全部以 Fe^{3+} 存在。

3. Fe^{3+} 的测定

准确吸取 50.00 mL 滤液于 400 mL 烧杯中，加 2 滴 0.05%溴甲酚绿指示剂，溶液呈黄色。滴加(1+1)氨水调至绿色，再滴加(1+1)HCl 调至黄色并过量 3 滴，此时溶液的 pH 值约为 2 左右。加热至 70 ℃取下，加 10 滴 10%磺基水杨酸，以 0.01500 mol/L EDTA 标准溶液滴定，开始速度宜快，当溶液由紫红色变成淡紫红色时，滴定速度宜慢，直至溶液变成亮黄色，即为终点。

$$\omega_{Fe_2O_3}(\%) = \frac{c_{EDTA} \times V_{EDTA} \times M_{Fe_2O_3} \times 10^{-3}}{2 \times m_{试} \times \frac{50}{250}} \times 100\%$$

式中：

c_{EDTA}:EDTA 标准溶液的浓度,mol/L;

V_{EDTA}:滴定时消耗的 EDTA 标准溶液的体积,mL;

$M_{Fe_2O_3}$:Fe_2O_3 的摩尔质量,g/mol。

(1) 0.05%溴甲酚绿指示剂不能多加,否则溶液底色黄色太深,影响滴定终点颜色的判断。

(2) 溶液酸度对 Fe^{3+} 测定结果有影响。pH<1.5 时,结果偏底;pH>3 时,Fe^{3+} 形成 $Fe(OH)_3\downarrow$(红棕),无明显滴定终点。

(3) Fe^{3+} 与 EDTA 络合反应进行得较慢,所以滴定温度以 60 ℃～70 ℃为宜以加速反应。温度>75 ℃,一方面 Fe^{3+} 水解成 $Fe(OH)_3\downarrow$(红棕),实验失败,另一方面 Al^{3+} 也与 EDTA 进行络合反应,使 Al^{3+} 含量偏底,Fe^{3+} 含量偏高。温度<50 ℃,不利于反应,不易掌握滴定终点。

4. Al^{3+} 的测定

在上述测铁溶液中准确地加入 0.01500 mol/L EDTA 标准溶液 20.00 mL,加蒸馏水稀释至 200 mL,玻璃棒搅匀。煮沸 1～2 min,使 Al^{3+} 与 EDTA 完全反应。加 15 mL pH=4.3 的 HAc-NaAc 缓冲溶液并调节溶液 pH=4.3。加 4 滴 0.2%PAN 指示剂,溶液呈黄色。用 0.01500 mol/L $CuSO_4$ 标准溶液滴定,Cu^{2+} 就与过量的 EDTA 反应生成淡蓝色配合物,Cu^{2+} 与过量的 EDTA 完全反应后,随着 $CuSO_4$ 标准溶液的滴入,过量 1 滴的 Cu^{2+} 即与 PAN 指示剂反应生成红色配合物。但滴定终点的颜色是亮紫色。

$$\omega_{Al_2O_3}(\%)=\frac{(c_{EDTA}\times V_{EDTA}-c_{CuSO_4}\times V_{CuSO_4})\times M_{Al_2O_3}\times 10^{-3}}{2\times m_{试}\times\frac{50}{250}}\times 100\%$$

式中:

c_{CuSO_4}:$CuSO_4$ 标准溶液的浓度,mol/L;

V_{CuSO_4}:滴定时消耗的 $CuSO_4$ 标准溶液的体积,mL;

$M_{Al_2O_3}$:Al_2O_3 的摩尔质量,g/mol;

V_{EDTA}:加入过量 0.01500 mol/L EDTA 标准溶液的体积,20.00 mL。

(1) Al^{3+} 与 EDTA 的络合反应很慢,不宜直接滴定,通常加过量 EDTA 并煮沸,使 Al^{3+} 与 EDTA 充分反应,再用 $CuSO_4$ 标准溶液返滴过量的 EDTA。通常根据 Al_2O_3 的大致含量计算,以 EDTA 过量 10 mL 为宜,这样易于观察终点颜色。

(2) PAN 指示剂在溶液 pH=4.3 时呈黄色。

(3) 滴定终点为何是亮紫色?因为溶液中存在三种有色物质,即红色的 Cu-PAN 配合物、蓝色的 Cu-EDTA 配合物和黄色的 Fe-EDTA 配合物,而它们的浓度又在不断变化,所以滴定中颜色的变化较复杂,其变化过程是黄色→绿色→蓝绿色→灰绿色→亮紫色。

5. Ca^{2+} 的测定

准确吸取 25.00 mL 滤液于 250 mL 锥形瓶中,加蒸馏水稀释至 50 mL。加 4 mL(1+1)三乙醇胺和 5 mL 10%NaOH,摇匀。加绿豆粒大小的固体钙指示剂,再摇匀,此时溶液呈酒红色,用 0.01500 mol/L EDTA 标准溶液滴定至纯蓝色即为终点。

$$\omega_{CaO}(\%)=\frac{c_{EDTA}\times V_{EDTA}\times M_{CaO}\times 10^{-3}}{m_{试}\times\frac{25}{250}}\times 100\%$$

式中:

M_{CaO}：CaO 的摩尔质量，g/mol。

(1) 钙指示剂先与 Ca^{2+} 形成酒红色 Ca-Ind⁻ 配离子，但其稳定性不如 CaY^{2-}，随着 EDTA 标准溶液的滴加，EDTA 就不断地夺走 Ca-Ind⁻ 配离子中的 Ca^{2+}，并形成更稳定的 CaY^{2-} 配离子，使钙指示剂游离出来，显示其自身的蓝色。由于溶液中有 Mg^{2+} 存在，所以滴定终点更明显即纯蓝色。

6. Ca^{2+} 和 Mg^{2+} 的测定

准确吸取 25.00 mL 滤液于 250 mL 锥形瓶中，加蒸馏水稀释至 50 mL。加 1 mL 10%酒石酸钾钠和 4 mL(1+1)三乙醇胺，摇匀。加 5 mL pH＝10 的 NH_3-NH_4Cl 缓冲溶液，摇匀。加绿豆粒大小的酸性铬蓝 K-萘酚绿 B 指示剂，再摇匀，此时溶液呈紫红色，用 0.01500 mol/L EDTA 标准溶液滴定至蓝色即为终点。

$$\omega_{MgO}(\%)=\frac{c_{EDTA}\times[V_{EDTA(Ca^{2+}和Mg^{2+})}-V_{EDTA(Ca^{2+})}]\times M_{MgO}\times10^{-3}}{m_{试}\times\frac{25}{250}}\times100\%$$

式中：

$V_{EDTA(Ca^{2+}和Mg^{2+})}$：测定 Ca^{2+} 和 Mg^{2+} 时所消耗的 EDTA 标准溶液的体积，mL；

$V_{EDTA(Ca^{2+})}$：测定 Ca^{2+} 时所消耗的 EDTA 标准溶液的体积，mL；

M_{MgO}：MgO 的摩尔质量，g/mol。

(1) K-B 指示剂先与 Ca^{2+} 和 Mg^{2+} 形成酒红色 Ca-Ind⁻ 配离子和红色 Mg-Ind⁻ 配离子，但其稳定性不如 CaY^{2-} 和 MgY^{2-}，随着 EDTA 标准溶液的滴加，EDTA 就不断地夺走 Ca-Ind⁻ 配离子中的 Ca^{2+} 和 Mg-Ind⁻ 配离子中的 Mg，并形成更稳定的 CaY^{2-} 配离子和 MgY^{2-} 配离子，使 K-B 指示剂游离出来，显示其自身的蓝色。

以上所有实验数据均记录在表 6-4 中。

表 6-4 水泥熟料中各含量测定的数据

测定项目	名称	数据	计算公式	结果
SiO_2	$m_{试}$		$\omega_{SiO_2}(\%)=\frac{A-B}{m_{试}}\times100\%$	
	B			
	A			
Fe^{3+}	c_{EDTA}		$\omega_{Fe_2O_3}(\%)=\frac{c_{EDTA}\times V_{EDTA}\times M_{Fe_2O_3}\times10^{-3}}{2\times m_{试}\times\frac{50}{250}}\times100\%$	
	V_{EDTA}			
Al^{3+}	c_{CuSO_4}		$\omega_{Al_2O_3}(\%)=\frac{(c_{EDTA}\times V_{EDTA}-c_{CuSO_4}\times V_{CuSO_4})\times M_{Al_2O_3}\times10^{-3}}{2\times m_{试}\times\frac{50}{250}}\times100\%$	
	V_{CuSO_4}			
	V_{EDTA}			
Ca^{2+}	V_{EDTA}		$\omega_{CaO}(\%)=\frac{c_{EDTA}\times V_{EDTA}\times M_{CaO}\times10^{-3}}{m_{试}\times\frac{25}{250}}\times100\%$	
Ca^{2+} 和 Mg^{2+}	$V_{EDTA(Ca^{2+}和Mg^{2+})}$		$\omega_{MgO}(\%)=\frac{c_{EDTA}\times[V_{EDTA(Ca^{2+}和Mg^{2+})}-V_{EDTA(Ca^{2+})}]\times M_{MgO}\times10^{-3}}{m_{试}\times\frac{25}{250}}\times100\%$	
	$V_{EDTA(Ca^{2+})}$			

五、思考题

1. SiO_2 含量的测定中如何检验沉淀已洗纯，不含杂质。如果沉淀没有洗纯，对实验结果有何影响？最后又如何补救？

2. 根据给出的含量范围和自己的实验结果讨论误差的来源。

3. 什么叫恒重，操作中应注意什么？

六、注意事项

1. 因硅酸盐水泥熟料中还含有其他一些杂质成分，所以五项指标的百分含量之和应小于100%。

2. 马沸炉应在老师的指导下操作，小心烫伤。

3. SiO_2、Fe^{3+} 和 Al^{3+} 的测定均要严格控制温度，否则会引起实验误差，甚至造成实验失败。

4. 在 SiO_2 的测定中，水泥熟料、固体 NH_4Cl、浓盐酸和浓硝酸于沸水浴上蒸发至近干时应在通风橱中进行。

5. 空坩埚和含试样的坩埚放在马沸炉中灼烧、冷却和称量时，注意条件一致。

实验二十五　洗衣粉中聚磷酸盐含量的测定（酸碱滴定法）

一、实验目的

1. 掌握酸碱滴定的原理，了解其应用。

2. 掌握双指示剂的使用和滴定操作。

二、实验原理

三聚磷酸钠是洗衣粉中的主要助剂，洗衣粉中聚磷酸盐作为助剂可增强洗涤效果，但会造成水质污染，因此必须限制使用。测定聚磷酸盐含量的容量法有酸碱滴定法、络合滴定法和电位滴定法，本实验介绍酸碱滴定法来测定其含量。

洗衣粉中聚磷酸盐在酸性介质中被酸解成正磷酸，调节溶液的pH值为3～4之间，此时，正磷酸以磷酸二氢根形式存在于溶液中。$H_2PO_4^-$ 的 $K_a = 6.23 \times 10^{-8}$，作为多元酸，在满足滴定误差不大于1%的条件下，可用碱标准溶液直接滴定，至溶液 pH = 8～10 时，磷酸二氢根转变为磷酸一氢根，此时酸碱等摩尔反应，由此可间接测定洗衣粉中聚磷酸盐含量。其反应式如下：

$$Na_5P_3O_{10} + 5HNO_3 + 2H_2O = 5NaNO_3 + 3H_3PO_4$$

$$H_3PO_4 + NaOH = NaH_2PO_4 + H_2O$$

$$NaH_2PO_4 + NaOH = Na_2HPO_4 + H_2O$$

洗衣粉中聚磷酸盐的百分含量：

$$\omega(\%) = \frac{c_{NaOH} \times V_{NaOH} \times M_{Na_5P_3O_{10}}}{3 \times m_{试} \times 1000} \times 100\%$$

式中：

c_{NaOH}：氢氧化钠标准溶液的准确浓度，mol/L；

V_{NaOH}：滴定时消耗氢氧化钠标准溶液的体积，mL；

$M_{Na_5P_3O_{10}}$：三聚磷酸钠的摩尔质量，g/mol；

$m_{试}$：所称洗衣粉样品的质量，g。

三、仪器、药品及材料

仪器：50 mL 碱式滴定管、50 mL 酸式滴定管、250 mL 锥形瓶、50 mL 量筒、电炉、石棉网、万分之一分析天平。

试剂：0.1 mol/L NaOH、6 mol/L NaOH、2 mol/L HNO_3、0.1 mol/L HCl、1%酚酞指示剂、1%甲基橙指示剂、邻苯二甲酸氢钾基准物质。

材料：称量纸、洗衣粉、沸石。

四、实验步骤

1. 0.1 mol/L NaOH 溶液的标定

用减量法精确称取三份 0.5 g 左右的基准物邻苯二甲酸氢钾，分别倒入三个 250 mL 锥形瓶中，加入 30 mL～40 mL 煮沸并冷却的蒸馏水使之溶解，加 2 滴酚酞指示剂，用待标定的 NaOH 溶液滴定至溶液由无色变为微红色，并保持半分钟内不褪色，即为终点。记录滴定前后滴定管中 NaOH 溶液的体积，求得 NaOH 溶液的准确浓度，其各次相对偏差应不大于 0.5%，否则需重新标定。实验结果记录在表 6-5 中。

$$c_{NaOH}(mol/L) = \frac{m_{邻苯二甲酸氢钾}}{M_{邻苯二甲酸氢钾} \times V_{NaOH} \times 10^{-3}}$$

式中：

$m_{邻苯二甲酸氢钾}$：精确称取基准物邻苯二甲酸氢钾的质量，g；

$M_{邻苯二甲酸氢钾}$：邻苯二甲酸氢钾的摩尔质量，204.73 g/mol；

V_{NaOH}：标定 NaOH 溶液准确浓度时消耗的体积，mL。

2. 洗衣粉中聚磷酸盐含量的测定

精确称取洗衣粉试样 1.2000～1.5000 g 于 250 mL 锥形瓶中，加 50 mL 蒸馏水，25 mL 2 mol/L HNO_3 溶液，摇匀，再加入几粒沸石，置电炉上小火加热煮沸 20 min，取下，冷却至室温。加入一滴甲基橙指示剂，用滴管逐滴加入 6 mol/L NaOH 溶液，边加边不断摇动锥形瓶至溶液呈浅黄色为止。再用 0.1 mol/L HCl 溶液小心的调节至溶液呈浅粉红色为止以消除过量的 NaOH，然后加入 2 滴酚酞指示剂。用 0.1000 mol/L NaOH 标准溶液滴定至溶液呈浅粉红色，而且半分钟内不褪色即为滴定终点，平行测定三次。实验结果记录在表 6-5 中。

表 6-5　洗衣粉中聚磷酸盐含量测定的实验数据

测定次数 / 项目	1	2	3
精称邻苯二甲酸氢钾的质量(g)			
标定 NaOH 浓度时消耗 NaOH 体积(mL)			
c_{NaOH}(mol/L)			
$\bar{c}_{NaOH}$(mol/L)			
相对平均偏差			
精称洗衣粉的质量 $m_{试}$(g)			
测定洗衣粉时消耗 NaOH 标液体积(mL)			
聚磷酸盐含量(%)			
聚磷酸盐平均含量(%)			
相对平均偏差			

五、思考题

1. 查找有关材料，讨论控制洗衣粉中聚磷酸盐含量对提高洗衣粉质量的意义。

2. 为什么应尽量使滴定终点的颜色与调节 pH 值时的颜色接近？

六、注意事项

1. 洗衣粉溶液应用小火加热，并注意防止产生的泡沫溢出。

2. 在低泡洗衣粉中，脂肪酸对结果有干扰。每 1%的皂片会使结果偏高约 0.33%，因此，在测定低泡洗衣粉的聚磷酸盐含量时，应根据皂片含量对结果进行修正。

3. 染色洗衣粉对终点颜色有干扰，因此不适合测定染色洗衣粉中聚磷酸盐含量。

4. 应尽量使滴定终点的颜色与调节 pH 值时的颜色接近，否则将引入正向误差，造成结果偏高。

5. 对于三聚磷酸钠含量较大的超浓缩洗衣粉，因其成分有不均匀性的特点。称取的试样量越少，引入误差的可能性就越大。为此建议对超浓缩洗衣粉宜称取较多的试样，稀释至 250 mL 后，再吸取 25 mL 稀释液进行测定。

实验二十六 高锰酸盐指数的测定

高锰酸盐指数是指在酸性或碱性介质中，以高锰酸钾为氧化剂，处理水样时所消耗的量，以氧的 mg/L 表示。水中的亚硝酸盐、亚铁盐、硫化物等还原性无机物和在此条件下可被氧化的有机物，均可消耗高锰酸钾。因此，高锰酸盐指数常被作为地表水受有机污染物和还原性无机物污染程度的综合指标。

高锰酸盐指数亦称为化学需氧量的高锰酸钾法。由于在规定的条件下，水中有机物只能部分被氧化，并不是理论上的需氧量，也不是反映水体中总有机物含量的尺度。因此，用高锰酸盐指数这一术语作为水质的一项指标，以区别于重铬酸钾法的化学需氧量，更符合客观实际。

Ⅰ 酸性法

一、实验目的

1. 了解环境污染的指标及分析方法。
2. 研究水体被污染的程度。
3. 掌握用酸性高锰酸钾法测定化学需氧量的原理和方法。

二、实验原理

水样加入硫酸使呈酸性后，加入过量的高锰酸钾溶液，水浴加热以加快反应。剩余的高锰酸钾用过量的草酸钠溶液还原，再用高锰酸钾溶液回滴过剩的草酸钠。根据高锰酸钾溶液的消耗量，通过计算求出水样中高锰酸盐指数值。本方法适用于氯离子含量不超过 300 mg/L 的水样中 COD 的测定。当水样中高锰酸盐指数数值超过 10 mg/L 时，应将水样稀释后再测定。

三、仪器、药品及材料

仪器：250 mL 锥形瓶、50 mL 酸式滴定管、恒温水浴锅、10 mL 移液管、100 mL 量筒、5 mL刻度吸管、吸耳球、定时钟、G－3 玻璃砂芯漏斗、容量瓶、万分之一分析天平。

药品：(1＋3)H_2SO_4（趁热滴加高锰酸钾溶液至呈微红色）、0.1 mol/L $KMnO_4$ 贮备液、0.01 mol/L $KMnO_4$ 使用液（临用前由高锰酸钾贮备液稀释 10 倍）、0.1000 mol/L $Na_2C_2O_4$ 标准贮备液、0.01000 mol/L $Na_2C_2O_4$ 标准使用液。

四、实验步骤

1. 取 100 mL 水样于 250 mL 锥形瓶中。如水样中高锰酸盐指数超过 10 mg/L 时，应酌情少取，用蒸馏水将水样稀释至 100 mL 后再测定。

2. 加 5 mL(1+3)H_2SO_4，混匀。

3. 用 10.00 mL 移液管准确地加入 0.01 mol/L $KMnO_4$ 使用液 10.00 mL，摇匀。立即放入沸水浴中加热 30 min(沸水浴液面要高于锥形瓶内反应液的液面)。如在加热过程中高锰酸钾的紫红色退去，则须将水样稀释，重新测定。

4. 取下锥形瓶后，立刻准确地加入 0.01000 mol/L $Na_2C_2O_4$ 标准溶液 10.00 mL，摇匀，待高锰酸钾的紫红色完全消失后，趁热(温度不应低于 70 ℃，否则需加热)用 0.01 mol/L $KMnO_4$ 溶液滴定至微红色不退，即为终点。记录 $KMnO_4$ 溶液的消耗量。以 C 代表还原性物质，其反应原理如下：

$$4MnO_4^- + 5C + 12H^+ = 4Mn^{2+} + 5CO_2 + 6H_2O$$

$$2MnO_4^- + 5C_2O_4^{2-} + 16H^+ = 2Mn^{2+} + 10CO_2 + 8H_2O$$

5. $KMnO_4$ 溶液浓度的标定：$KMnO_4$ 溶液的浓度不稳定，所以每次做样品时，必须进行校正，求出校正系数 K。方法如下：于上述已滴定完毕的水样趁热(70 ℃～80 ℃)准确地加入 10.00 mL的 0.01000 mol/L $Na_2C_2O_4$ 标准溶液，再用 0.01 mol/L $KMnO_4$ 溶液滴至微红色，记录消耗 $KMnO_4$ 溶液的体积 V(mL)，则 $KMnO_4$ 溶液的校正系数 $K=\frac{10.00}{V}$。

若水样经稀释，应同时取 100 mL 蒸馏水，按水样测定步骤进行空白实验。结果计算如下：

(1) 水样未经稀释

$$\text{高锰酸盐指数}(O_2, mg/L) = \frac{[(10+V_1)K-10]\times c\times 8\times 1000}{100}$$

式中：

V_1：测定水样时所消耗的 $KMnO_4$ 溶液的体积，mL；

K：$KMnO_4$ 溶液的校正系数；

c：$Na_2C_2O_4$ 标准溶液的浓度，mol/L。

(2) 水样经稀释

$$\text{高锰酸盐指数}(O_2, mg/L) = \frac{\{[(10+V_1)K-10]-[(10+V_0)K-10]\times\beta\}\times c\times 8\times 1000}{V_2}$$

式中：

V_0：空白实验中所消耗的 $KMnO_4$ 溶液的体积，mL；

V_2：取样体积，mL；

β：稀释水样中含水的比值。如取样体积为 20.0 mL，加 80.0 mL 蒸馏水稀释至 100 mL，则 $\beta=0.8$。

五、思考题

1. 高锰酸钾滴定草酸时应注意哪些反应条件？在什么情况下应用碱性高锰酸钾法测定化学需氧量？为什么？

2. 根据国家环境保护局公布的水处理标准中，对所测 COD 值进行讨论是否达到处理标准，如没有达到应采取的措施是什么？

3. 为什么 COD 是衡量水体污染程度的一项重要指标？影响化学需氧量测定结果的因素有哪些？测定化学需氧量的方法种类及适用范围是什么？

4. 为什么要做空白实验？在做空白实验时应注意哪些问题？

六、注意事项

1. 实验中注意谨慎操作，玻璃器皿易碎，加热后温度高，要防止烫伤。

2. 高锰酸盐指数是一个相对的条件性指标，其测定结果与溶液的酸度、高锰酸钾浓度、加热温度和时间有关。因此，要严格控制反应条件，使结果具有可比性。高锰酸钾不能过早地加好放在那里不加热。

3. 煮沸 30 min 后应残留 40%～60%高锰酸钾。如煮沸过程中红色消失或变黄，说明有机物或还原性物质过多，需将水样稀释后重做。回滴过量的草酸钠标准溶液所消耗的高锰酸钾溶液的体积应在 4～6 mL 左右，否则需重新再取适量水样测定。

4. 因为一般蒸馏水中常含有若干可以被氧化的物质，所以用蒸馏水稀释水样时，必须测定空白蒸馏水的耗氧量，并在最后结果中减去此部分。

5. 在酸性条件下，草酸钠与高锰酸钾的反应温度应保持在 70 ℃～80 ℃，所以滴定应趁热进行，若溶液温度过低，应加热后再测定。

Ⅱ 碱性法

一、实验目的

掌握用碱性高锰酸钾法测定化学需氧量的原理和方法。

二、实验原理

在碱性条件下，加入一定量高锰酸钾溶液于水样中，并在沸水浴上加热反应一定时间，以氧化水中的还原性无机物和部分有机物。加酸酸化后，加入过量的草酸钠溶液还原剩余的高锰酸钾溶液，再用高锰酸钾溶液滴定过剩的草酸钠溶液至溶液呈微红色。

三、仪器、药品及材料

50%氢氧化钠溶液，其余均同酸性法。

四、实验步骤

1. 取100 mL待测水样（或酚情少取，用水稀释至100 mL）于250 mL锥形瓶中，加入50% NaOH溶液0.5 mL，摇匀。

2. 准确地加入0.01 mol/L $KMnO_4$溶液10.00 mL，摇匀。将锥形瓶立即放入沸水浴中加热30 min（从水浴重新沸腾计时）。沸水浴液面要高于反应溶液的液面。

3. 从水浴锅中取出锥形瓶，冷却至80 ℃左右，加入5 mL(1+3)H_2SO_4并保证溶液呈酸性，摇匀。

4. 准确地加入0.01000 mol/L $Na_2C_2O_4$标准溶液10.00 mL，摇匀。

5. 立即用0.01 mol/L的$KMnO_4$溶液回滴至微红色即为终点。$KMnO_4$溶液校正系数的测定及最后结果计算均同酸性法。

五、思考题

用酸性法和碱性法同时分析高锰酸盐指数的标准溶液，两种方法的测定结果和标准偏差是否相同？

六、注意事项

1. 50%氢氧化钠溶液贮于聚乙烯瓶中。

2. 高锰酸钾溶液加热煮沸，放置过夜，再用G－3玻璃砂芯漏斗过滤，滤液贮于棕色瓶中。

3. 水样采集于玻璃瓶后，应尽快分析。若不能立即分析，应加入硫酸调节$pH<2$，4 ℃冷藏保存并在48 h内测定。

4. 该法适用于氯离子含量高于300 mg/L的水样。

实验二十七　挥发酚的测定
（4-氨基安替比林萃取分光光度法）

一、实验目的

1. 掌握饮用水、地表水和工业废水中挥发酚的测定。

2. 掌握4-氨基安替比林萃取分光光度法测定挥发酚的原理。

3. 学会分液漏斗的使用、蒸馏和萃取操作。

二、实验原理

根据酚类能否与水蒸气一起蒸出，分为挥发酚和不挥发酚。挥发酚通常指沸点在230 ℃以下的酚类，属一元酚。酚类的分析方法很多，一般用4-氨基安替比林萃取分光光度法测定挥发酚浓度低于0.5 mg/L的水样，用4-氨基安替比林直接分光光度法测定挥发酚浓度高于0.5 mg/L的水样。本实验介绍萃取分光光度法。

被蒸馏出的酚类化合物，于pH=10.0±0.2介质中，在铁氰化钾存在下，与4-氨基安替比林反应生成橙红色的安替比林染料，用三氯甲烷萃取后，在460 nm波长处有最大吸收。

三、仪器、药品及材料

仪器：500 mL全玻璃磨口蒸馏瓶、250 mL容量瓶、蛇型冷凝管、铁架台、十字夹、可调电炉、500 mL分液漏斗、100 mL量筒、250 mL量筒、5 mL刻度吸管、10 mL刻度吸管、721型分光光度计、万分之一分析天平、小玻璃珠、2 cm比色皿。

药品：无酚蒸馏水、10% $CuSO_4$、2 mol/L H_3PO_4、1%甲基橙指示剂、三氯甲烷、pH=10的缓冲溶液、2% 4-氨基安替比林(稳定一周)、8%铁氰化钾(稳定一周)、1.000 g/L酚标准贮备液(稳定一个月)、10.00 μg/mL酚标准中间液(当天配制)、1.00 μg/mL酚标准使用液(稳定2 h)。

材料：脱脂棉、擦镜纸。

四、实验步骤

1. 预蒸馏

(1) 取250 mL水样于500 mL全玻璃蒸馏瓶中，加数粒玻璃珠以防暴沸，再加数滴甲基橙指示剂，用2 mol/L H_3PO_4溶液调节至溶液呈橙红色，若水样未显橙红色，则需继续补加2 mol/L H_3PO_4溶液，直到溶液显橙红色。加5.0 mL 10% $CuSO_4$溶液。

(2) 连接冷凝器，加热蒸馏，收集馏出液于250 mL容量瓶中，至蒸馏出约225 mL时，停止加热，放冷。向蒸馏瓶中加25 mL蒸馏水，继续蒸馏直至馏出液为250 mL为止。

2. 标准曲线的绘制

(1) 吸取标准系列：于一组7个分液漏斗中，分别加入100 mL蒸馏水，依次加入0.00 mL、0.50 mL、2.00 mL、4.00 mL、6.00 mL、8.00 mL和10.00 mL酚标准使用液，再分别加水至250 mL，混匀。

(2) 显色：加2.0 mL缓冲溶液，混匀，此时溶液pH值为10.0±0.2，加1.5 mL 2% 4-氨基安替比林溶液，混匀，再加1.5 mL 8%铁氰化钾溶液，充分混匀后，加塞，放置10 min。

(3) 萃取：在上述显色的分液漏斗中准确地加入10.00 mL三氯甲烷，加塞，剧烈振摇

2 min，倒置放气，静置分层。用干脱脂棉拭干分液漏斗颈管内壁，于颈管内塞一小团干脱脂棉，将三氯甲烷层通过干脱脂棉团放出，弃去最初滤出的数滴萃取液后，将余下的三氯甲烷直接放入光程为 2 cm 的比色皿中。于 460 nm 波长处，以三氯甲烷为参比，测定三氯甲烷层的吸光度值。由标准系列测得的吸光度值减去零浓度管的吸光度值，绘制吸光度值对苯酚含量（μg）的标准曲线。标准曲线回归方程的相关系数 r 应达到 0.999 以上。将实验结果填入表 6-6 中。

表 6-6　标准曲线的原始实验数据

1.00 μg/mL 酚标准使用液 mL 数	苯酚 μg 数	吸光度值	减空白后吸光度值
0.00	0		
0.50	0.50		
2.00	2.00		
4.00	4.00		
6.00	6.00		
8.00	8.00		
10.00	10.00		
回归方程：		相关系数 r：	

3. 水样的测定

取蒸馏出的馏出液 250 mL 于分液漏斗中，按上述绘制标准曲线的同样操作步骤测定水样的吸光度值，再减去空白实验的吸光度值。如水样的吸光度值超过标准曲线的最高点，应稀释后重新测定。

4. 空白实验

用蒸馏水代替水样进行蒸馏后，按水样的实验步骤测定其吸光度值。其结果作为水样测定的空白校正值。空白实验应与水样测定同时进行。结果计算如下：

$$挥发酚(以苯酚计,mg/L)=\frac{m}{V}$$

式中：

m：由水样的校正吸光度值，从标准曲线上查得的苯酚含量，μg；

V：取蒸馏出的馏出液的体积，mL。

当计算结果小于 0.1 mg/L 时，保留到小数点后四位；当计算结果大于等于 0.1 mg/L 时，保留三位有效数字。

五、思考题

1. 怎样制备无酚蒸馏水？
2. 怎样精制苯酚？
3. 4-氨基安替比林的纯度对空白实验的吸光度值影响较大，有时要对其做提纯处理，请查阅如何提纯 4-氨基安替比林。

六、注意事项

1. 水中挥发酚经蒸馏后，可以消除颜色和浑浊度等干扰。如水样中含氧化剂、油类、硫化物、有机或无机还原性物质和苯胺类均干扰挥发酚的测定。应在蒸馏前先消除干扰物质。

2. 为避免 pH=10 的缓冲溶液中氨的挥发所引起 pH 值的改变，应注意在低温下保存，且取用后立即加塞盖严，并根据使用情况适量配制。

3. 加硫酸铜溶液准备预蒸馏时，如产生较多黑色硫化铜沉淀，应摇匀后静置片刻，待沉淀完全反应后再滴加硫酸铜溶液，直至不再产生沉淀为止。

4. 蒸馏过程中，若发现甲基橙红色褪去，应在蒸馏结束后，放冷，再滴加甲基橙指示剂。若发现蒸馏后残液不呈酸性，则应重新取样，增加磷酸溶液加入量，进行蒸馏。

5. 测定地表水的蒸馏设备不能与测定工业废水的蒸馏设备混用。每次实验前后，都应清洗整个蒸馏设备。

6. 不能用橡胶塞、橡胶管连接蒸馏瓶及冷凝器，以防止对测定产生干扰。

实验二十八　甲醛的测定(乙酰丙酮分光光度法)

Ⅰ 地表水和工业废水

一、实验目的

1. 掌握测定地表水和工业废水中甲醛的测定方法——乙酰丙酮分光光度法。

2. 了解本方法的最低检出浓度为 0.05 mg/L，测定上限为 3.20 mg/L。

二、实验原理

在过量铵盐存在下，甲醛与乙酰丙酮反应生成黄色化合物，该黄色化合物在波长 414 nm 处有最大吸收。该黄色化合物在 3 h 内吸光度保持不变。

三、仪器、药品及材料

仪器：721 型分光光度计、恒温水浴锅、500 mL 全玻璃蒸馏器、25 mL 比色管、10 mL 刻度吸管、5 mL 刻度吸管、100 mL 量筒、100 mL 容量瓶、250 mL 碘量瓶、滴定台、酸式滴定管、电炉、铁架台、十字夹、洗耳球、洗瓶。

药品：乙酰丙酮溶液：50 g 乙酸铵、6 mL 冰乙酸和 0.5 mL 乙酰丙酮试剂溶解于 100 mL 蒸馏水中(该溶液可在冰箱中稳定储存一个月)、1.0 mg/mL 甲醛标准贮备液、10.0 μg/mL 甲醛标准使用液(临用前将贮备液稀释 100 倍)、浓 H_2SO_4、0.05000 mol/L $Na_2S_2O_3$ 标准溶液(实验室标好)、0.05 mol/L 碘液、6 mol/L NaOH、2 mol/L H_2SO_4、1%淀粉溶液。

材料：擦镜纸、1 cm 比色皿。

四、实验步骤

1. 甲醛标准贮备液的配制与标定

吸取 2.8 mL 甲醛溶液(内含甲醛 36%～38%)，用水稀释至 1000 mL，摇匀。此溶液每毫升约含 1 mg 甲醛。该配制好的溶液置冰箱 4 ℃内可保存半年。

吸取 20.00 mL 甲醛标准贮备液于 250 mL 碘量瓶中，加 0.05 mol/L 碘液 50.0 mL 和 6 mol/L NaOH 溶液 2.5 mL，混匀暗处放置 15 min。加 2 mol/L H_2SO_4 溶液 5.0 mL，混匀暗处再放置 15 min。以 0.0500 mol/L $Na_2S_2O_3$ 标准溶液进行滴定，滴至溶液呈淡黄色时，加 1 mL淀粉指示剂，继续滴定至溶液蓝色刚好褪去，记下用量 V。

同时，另取 20.00 mL 蒸馏水代替甲醛贮备液按上述步骤进行空白实验，记下 $Na_2S_2O_3$ 标液用量 V_0。甲醛标准贮备液的浓度：

$$甲醛(HCHO,mg/L)=\frac{(V_0-V)\times c\times M_{甲醛}\times 1000}{20.00}$$

式中：

V_0：空白实验消耗 $Na_2S_2O_3$ 标液的体积，mL；

V：标定甲醛标准贮备液消耗 $Na_2S_2O_3$ 标液的体积，mL；

c：$Na_2S_2O_3$ 标液的摩尔浓度，mol/L；

$M_{甲醛}$：甲醛(1/2HCHO)的摩尔质量，15 g/mol。

2. 样品预处理

(1) 无色、不浑浊的清洁地表水调至中性后，可直接测定。

(2) 受污染的地表水和工业废水按下述方法进行蒸馏：取 100 mL 水样于蒸馏瓶内，加 3～5 mL浓 H_2SO_4 及数粒玻璃珠，用 100 mL 容量瓶接收馏出液。打开冷凝水，加热，待蒸出约 95 mL 馏出液时，停止蒸馏，冷却。再加 15 mL 蒸馏水，继续蒸馏，直至馏出液到 100 mL 容量瓶刻度线时取下容量瓶。

3. 标准曲线的绘制

取 7 支 25 mL 比色管，分别加入 0.00 mL、0.50 mL、1.00 mL、3.00 mL、5.00 mL、7.00 mL、10.00 mL 甲醛标准使用液，加水至刻度。加显色剂乙酰丙酮溶液 2.50 mL，摇匀。于 45 ℃～60 ℃水浴锅中加热 30 min，取出冷却。用 1 cm 比色皿，在波长 414 nm 处，以水为参比测定吸光度。在扣除零浓度管的吸光度后，以吸光度和对应的甲醛含量绘制标准曲线。或用最小二乘法计算回归方程，回归方程的相关系数 r 应达到 0.999 以上。将实验结果填入表 6-7中。

表 6-7 标准曲线的原始实验数据

10.0 μg/mL 甲醛标准使用液 mL 数	甲醛 μg 数	吸光度值	减空白后吸光度值
0.00	0		
0.50	5.0		
1.00	10.0		
3.00	30.0		
5.00	50.0		
7.00	70.0		
10.00	100.0		
回归方程：		相关系数 r：	

4. 水样测定

取 25.0 mL 水样或馏出液于 25 mL 比色管中(含甲醛在 100 μg 以内,否则要稀释)。以下按绘制标准曲线的步骤进行显色和吸光度测定。

用 25.0 mL 蒸馏水代替水样,按相同步骤进行空白实验。减去空白实验所测得的吸光度后,从标准曲线上查出水样中的甲醛含量。

$$\text{甲醛(HCHO,mg/L)} = \frac{m}{V}$$

式中：

m:从标准曲线上查得的水样中的甲醛含量,μg;

V:水样体积,mL。

五、思考题

1. 请你谈谈甲醛对人体的危害。
2. 甲醛污染主要来源于哪些企业排放的废水?

六、注意事项

1. 清洁地表水甲醛样品采集于硬质玻璃瓶或聚乙烯瓶中,废水甲醛样品采集于硬质玻璃瓶中。采集时应使水样从瓶口溢出后盖上瓶塞塞紧。这样,可避免微生物分解所造成的采样误差。同时,在条件允许时,最好现场采集空白样作为现场采样的质量控制样,能显示出采样过程中环境和运输对水样的影响,这对有机污染物尤其重要。采样后应尽快送实验室进行分析,否则,要在每升样品中加入 1 mL 浓硫酸,使样品的 pH≤2,并在 24 h 内进行测定。

2. 在水样预蒸馏时,向水样中加 15 mL 蒸馏水,是为了防止有机物含量高的水样在蒸至最后时,有机物在硫酸介质中发生炭化现象而影响甲醛的测定。

3. 对某些不适于在酸性条件下蒸馏的特殊水样,例如含氰化物较高的废水或染料、制漆废水等,可用氢氧化钠溶液先将水样调至弱碱性(pH≈8),再进行蒸馏。

4. 乙酰丙酮的纯度对空白实验的吸光度有影响。乙酰丙酮应是无色透明的,否则要蒸馏精制。

Ⅱ 环境空气、室内空气和工业废气

一、实验目的

1. 掌握环境空气、室内空气和工业废气中甲醛的测定方法——乙酰丙酮分光光度法。

2. 了解本方法的最低检出浓度为 0.008 mg/m^3,测定上限为 800 mg/m^3。

二、实验原理

甲醛气体经水吸收后,在 pH = 6 的乙酸-乙酸铵缓冲溶液中,与乙酰丙酮作用,在沸水浴条件下,迅速生成稳定的黄色化合物,在波长 413 nm 处比色测定该黄色化合物的吸光度。

三、仪器、药品及材料

仪器:721 型分光光度计、恒温水浴锅、0.2～1.0 L/mim 的空气采样器、50 mL 或 125 mL 多孔玻板吸收瓶、气压表、10 mL 比色管、10 mL 刻度吸管、2 mL 刻度吸管、50 mL 容量瓶、洗耳球、洗瓶、缓冲瓶。

药品:乙酰丙酮溶液:称 25 g 乙酸铵,加少量水溶解,加 3 mL 冰乙酸和 0.25 mL 新蒸馏的乙酰丙酮,混匀后再用水稀释至 100 mL,调整 pH = 6.0(该溶液可在冰箱中稳定储存一个月)。吸收液:不含有机物的重蒸馏水。1.0 mg/mL 甲醛标准贮备液、5.0 μg/mL 甲醛标准使用液(临用前用吸收液将贮备液稀释 200 倍,最好稀释两次由贮备液→中间液→使用液)。

材料:擦镜纸、1 cm 比色皿。

四、实验步骤

1. 甲醛标准贮备液的配制与标定同乙酰丙酮分光光度法测地表水和工业废水实验。

2. 气体样品的采集:

(1) 用 50 mL 多孔玻璃板吸收瓶采样就装 20 mL 吸收液;用 125 mL 多孔玻璃板吸收瓶采样就装 50 mL 吸收液。

(2) 采样系统由采样缓冲瓶、多孔玻璃板吸收瓶和空气采样器串联组成。根据具体情况以 0.5～1.0 L/min 的流量采样,采样时间 10～30 min。得气体的采样体积。

(3) 记录采样时的气温和气压。

(4) 用下面公式将气体的采样体积换算成标准状态下的采样体积。

$$\frac{p_{采样}}{V_{采样}\cdot T_{采样}}=\frac{p_{标准}}{V_{标准}\cdot T_{标准}}$$

$$V_{标准}=\frac{p_{标准}\cdot V_{采样}\cdot T_{采样}}{p_{采样}\cdot T_{标准}}$$

式中：

$p_{采样}$：采样时由气压表上读取的大气压，kPa；

$T_{采样}$：采样时的绝对温度，由气压表上读取的气温＋273.15，K；

$V_{采样}$：采样体积，L；

$p_{标准}$：标准大气压，101.325 kPa；

$T_{标准}$：标准状态下的绝对温度，273.15 K。

3．标准曲线的绘制

取7支10 mL比色管，分别加入0.00 mL、0.40 mL、1.00 mL、2.00 mL、4.00 mL、6.00 mL、8.00 mL甲醛标准使用液，用吸收液定容至刻度。加入2.0 mL显色剂乙酰丙酮溶液，摇匀。于沸水浴中加热3 min，取出冷却至室温。用1 cm比色皿，在波长413 nm处，以吸收液为参比测定吸光度。在扣除零浓度（试剂空白）管的吸光度后，以校准吸光度为纵坐标，甲醛含量为横坐标，绘制标准曲线。或用最小二乘法计算回归方程，回归方程的相关系数 r 应达到0.999以上。将实验结果填入表6-8中。

表6-8 标准曲线的原始实验数据

5.0 μg/mL 甲醛标准使用液 mL 数	甲醛 μg 数	吸光度值	减空白后吸光度值
0.00	0		
0.40	2.0		
1.00	5.0		
2.00	10.0		
4.00	20.0		
6.00	30.0		
8.00	40.0		
回归方程：		相关系数 r：	

4．样品测定

将采样吸收后的样品溶液移入50 mL容量瓶中，用吸收液定容至刻度。

取10.0 mL试样于10 mL比色管中（含甲醛在40 μg以内，否则要稀释）。以下按绘制标准曲线的步骤进行显色和吸光度测定。

用现场未采样的空白吸收瓶的吸收液按上述相同步骤进行空白实验。减去空白实验所测得的吸光度后，从标准曲线上查出甲醛含量。样品中的甲醛含量 χ 计算如下：

$$\chi(\mu g)=m\times\frac{V_1}{V_2}$$

式中：

m：从标准曲线上查得的甲醛含量，μg；

V_1：定容体积，50 mL；

V_2：测定时取样体积，如 10 mL。

环境空气、室内空气和工业废气中甲醛浓度计算如下：

$$甲醛浓度(mg/m^3)=\frac{\chi}{V_{标准}}$$

式中：

$V_{标准}$：标准状态(0 ℃，101.325 kPa)下所采气体体积，L。

五、思考题

1. 哪些企业排放甲醛废气？
2. 怎样制取不含有机物的重蒸馏水？
3. 实验中用乙酸－乙酸铵缓冲溶液调节溶液的 pH＝6.0，能否改为乙酸－乙酸钠缓冲溶液？

六、注意事项

1. 显色剂最好现用现配，一般空白吸光度在 0.005 左右，显色剂放置时间长了空白值就会偏高。
2. 做试剂空白实验是为了消除乙酰丙酮本身的颜色。
3. 多孔玻璃板气泡吸收瓶使用前要校正，采样流量 0.5 L/min 时，阻力为(6.7±0.7) kPa，单管吸收效率要大于 99%。
4. 样品采完后应贮存在冰箱中，2 天内分析完毕，以防止甲醛被氧化。
5. 日光照射也能使甲醛氧化，因此要用棕色吸收瓶，样品在运输和贮存时都应避光。

附　　录

附录一　元素的相对原子质量

序数	元素名称	元素符号	相对原子质量	序数	元素名称	元素符号	相对原子质量	序数	元素名称	元素符号	相对原子质量
1	氢	H	1.0079	21	钪	Sc	44.956	41	铌	Nb	92.906
2	氦	He	4.0026	22	钛	Ti	47.867	42	钼	Mo	95.94
3	锂	Li	6.941	23	钒	V	50.942	43	锝	Tc	[97.907]
4	铍	Be	9.0121	24	铬	Cr	51.996	44	钌	Ru	101.07
5	硼	B	10.811	25	锰	Mn	54.938	45	铑	Rh	102.91
6	碳	C	12.017	26	铁	Fe	55.845	46	钯	Pd	106.42
7	氮	N	14.007	27	钴	Co	58.933	47	银	Ag	107.87
8	氧	O	15.999	28	镍	Ni	58.693	48	镉	Cd	112.41
9	氟	F	18.998	29	铜	Cu	63.546	49	铟	In	114.82
10	氖	Ne	20.180	30	锌	Zn	65.409	50	锡	Sn	118.71
11	钠	Na	22.989	31	镓	Ga	69.723	51	锑	Sb	121.76
12	镁	Mg	24.305	32	锗	Ge	72.64	52	碲	Te	127.60
13	铝	Al	26.982	33	砷	As	74.922	53	碘	I	126.90
14	硅	Si	28.086	34	硒	Se	78.96	54	氙	Xe	131.29
15	磷	P	30.974	35	溴	Br	79.904	55	铯	Cs	132.91
16	硫	S	32.065	36	氪	Kr	83.798	56	钡	Ba	137.33
17	氯	Cl	35.453	37	铷	Rb	85.468	57	镧	La	138.91
18	氩	Ar	39.948	38	锶	Sr	87.62	58	铈	Ce	140.12
19	钾	K	39.098	39	钇	Y	88.906	59	镨	Pr	140.91
20	钙	Ca	40.078	40	锆	Zr	91.224	60	钕	Nd	144.24

续表

序数	元素		相对原子质量	序数	元素		相对原子质量	序数	元素		相对原子质量
	名称	符号			名称	符号			名称	符号	
61	钷	Pm	[145]	80	汞	Hg	200.59	99	锿	Es	[252]
62	钐	Sm	150.36	81	铊	Tl	204.38	100	镄	Fm	[257]
63	铕	Eu	151.96	82	铅	Pb	207.2	101	钔	Md	[258]
64	钆	Gd	157.25	83	铋	Bi	208.98	102	锘	No	[259]
65	铽	Tb	158.93	84	钋	Po	[208.98]	103	铹	Lr	[262]
66	镝	Dy	162.50	85	砹	At	[209.99]	104	𬬻	Rf	[261]
67	钬	Ho	164.93	86	氡	Rn	[222.02]	105	𬭊	Db	[262]
68	铒	Er	167.26	87	钫	Fr	[223]	106	𬭳	Sg	[266]
69	铥	Tm	168.93	88	镭	Re	[226]	107	𬭛	Bh	[264]
70	镱	Yb	173.04	89	锕	Ac	[227]	108	𬭶	Hs	[277]
71	镥	Lu	174.97	90	钍	Th	232.04	109	鿏	Mt	[268]
72	铪	Hf	178.49	91	镤	Pa	231.04	110	𫟼	Ds	[271]
73	钽	Ta	180.95	92	铀	U	238.03	111	𬬭	Rg	[272]
74	钨	W	183.84	93	镎	Np	[237]	112	鿔	Cn	[285]
75	铼	Re	186.21	94	钚	Pu	[244]	113		Uut	[284]
76	锇	Os	190.23	95	镅	Am	[243]	114		Uuq	[289]
77	铱	Ir	192.217	96	锔	Cm	[247]	115		Uup	[288]
78	铂	Pt	195.08	97	锫	Bk	[247]	116		Uuh	[292]
79	金	Au	196.97	98	锎	Cf	[251]	117		Uus	[291]

说明：本相对原子质量表按照原子序数排列。本表数据源自 2011 年 IUPAC 元素周期表（IUPAC 2011 standard atomic weights），以 $^{12}C=12$ 为标准。本表方括号内的原子质量为放射性元素的半衰期最长的同位素质量数。113～117 号元素数据未被 IUPAC 确定。

附录二 常用酸碱试剂的浓度和含量

试剂名称	密度(g/mL)	含量(%)	浓度(mol/L)
浓硫酸	1.84	98	18
稀硫酸	1.12	17	2
浓硝酸	1.41	68	16
稀硝酸	1.07	12	2
浓盐酸	1.19	38	12
稀盐酸	1.03	7	2
浓磷酸	1.7	85	14.7
稀磷酸	1.05	9	1
浓高氯酸	1.67	70	11.6
稀高氯酸	1.12	19	2
冰乙酸	1.05	100	17.5
稀乙酸	1.02	12	2
氢溴酸	1.38	40	7
氢碘酸	1.70	57	7.5
浓氢氟酸	1.13	40	23
浓氨水	0.91	28	14.8
稀氨水		3.5	2
浓氢氧化钠	1.44	41	14.4
稀氢氧化钠	1.09	8	2.2
氢氧化钙水溶液		0.15	
氢氧化钡水溶液		2	0.1

附录三　酸、碱的解离常数

1. 无机酸在水溶液中的解离常数(25 ℃)

序号	名称	化学式	K_a	pK_a
1	偏铝酸	$HAlO_2$	6.3×10^{-13}	12.20
2	亚砷酸	H_3AsO_3	6.0×10^{-10}	9.22
3	砷酸	H_3AsO_4	$K_1=6.3\times10^{-3}$	2.20
			$K_2=1.05\times10^{-7}$	6.98
			$K_3=3.2\times10^{-12}$	11.50
4	硼酸	H_3BO_3	$K_1=5.8\times10^{-10}$	9.24
			$K_2=1.8\times10^{-13}$	12.74
			$K_3=1.6\times10^{-14}$	13.80
5	次溴酸	$HBrO$	2.4×10^{-9}	8.62
6	氢氰酸	HCN	6.2×10^{-10}	9.21
7	碳酸	H_2CO_3	$K_1=4.2\times10^{-7}$	6.38
			$K_2=5.6\times10^{-11}$	10.25
8	次氯酸	$HClO$	3.2×10^{-8}	7.50
9	氢氟酸	HF	6.61×10^{-4}	3.18
10	锗酸	H_2GeO_3	$K_1=1.7\times10^{-9}$	8.78
			$K_2=1.9\times10^{-13}$	12.72
11	高碘酸	HIO_4	2.8×10^{-2}	1.56
12	亚硝酸	HNO_2	5.1×10^{-4}	3.29
13	次磷酸	H_3PO_2	5.9×10^{-2}	1.23
14	亚磷酸	H_3PO_3	$K_1=5.0\times10^{-2}$	1.30
			$K_2=2.5\times10^{-7}$	6.60
15	磷酸	H_3PO_4	$K_1=7.52\times10^{-3}$	2.12
			$K_2-6.31\times10^{-8}$	7.20
			$K_3=4.4\times10^{-13}$	12.36

续表

序号	名称	化学式	K_a	pK_a
16	焦磷酸	$H_4P_2O_7$	$K_1=3.0\times10^{-2}$	1.52
			$K_2=4.4\times10^{-3}$	2.36
			$K_3=2.5\times10^{-7}$	6.60
			$K_4=5.6\times10^{-10}$	9.25
17	氢硫酸	H_2S	$K_1=1.3\times10^{-7}$	6.88
			$K_2=7.1\times10^{-15}$	14.15
18	亚硫酸	H_2SO_3	$K_1=1.23\times10^{-2}$	1.91
			$K_2=6.6\times10^{-8}$	7.18
19	硫酸	H_2SO_4	$K_1=1.0\times10^{3}$	−3.00
			$K_2=1.02\times10^{-2}$	1.99
20	硫代硫酸	$H_2S_2O_3$	$K_1=2.52\times10^{-1}$	0.60
			$K_2=1.9\times10^{-2}$	1.72
21	氢硒酸	H_2Se	$K_1=1.3\times10^{-4}$	3.89
			$K_2=1.0\times10^{-11}$	11.0
22	亚硒酸	H_2SeO_3	$K_1=2.7\times10^{-3}$	2.57
			$K_2=2.5\times10^{-7}$	6.60
23	硒酸	H_2SeO_4	$K_1=1\times10^{3}$	−3.00
			$K_2=1.2\times10^{-2}$	1.92
24	硅酸	H_2SiO_3	$K_1=1.7\times10^{-10}$	9.77
			$K_2=1.6\times10^{-12}$	11.80
25	亚碲酸	H_2TeO_3	$K_1=2.7\times10^{-3}$	2.57
			$K_2=1.8\times10^{-8}$	7.74

2. 有机酸在水溶液中的解离常数(25 ℃)

序号	名称	化学式	K_a	pK_a
1	甲酸	HCOOH	1.8×10^{-4}	3.75
2	乙酸	CH_3COOH	1.74×10^{-5}	4.76
3	乙醇酸	$CH_2(OH)COOH$	1.48×10^{-4}	3.83

续表

序号	名称	化学式	K_a	pK_a
4	草酸	$(COOH)_2$	$K_1=5.4\times10^{-2}$	1.27
			$K_2=5.4\times10^{-5}$	4.27
5	甘氨酸	$CH_2(NH_2)COOH$	1.7×10^{-10}	9.78
6	一氯乙酸	$CH_2ClCOOH$	1.4×10^{-3}	2.86
7	二氯乙酸	$CHCl_2COOH$	5.0×10^{-2}	1.30
8	三氯乙酸	CCl_3COOH	2.0×10^{-1}	0.70
9	丙酸	CH_3CH_2COOH	1.35×10^{-5}	4.87
10	丙烯酸	$CH_2=CHCOOH$	5.5×10^{-5}	4.26
11	乳酸(丙醇酸)	$CH_3CHOHCOOH$	1.4×10^{-4}	3.86
12	丙二酸	$HOCOCH_2COOH$	$K_1=1.4\times10^{-3}$	2.85
			$K_2=2.2\times10^{-6}$	5.66
13	2-丙炔酸	$HC\equiv CCOOH$	1.29×10^{-2}	1.89
14	甘油酸	$HOCH_2CHOHCOOH$	2.29×10^{-4}	3.64
15	丙酮酸	$CH_3COCOOH$	3.2×10^{-3}	2.49
16	α-丙胺酸	CH_3CHNH_2COOH	1.35×10^{-10}	9.87
17	β-丙胺酸	$CH_2NH_2CH_2COOH$	4.4×10^{-11}	10.36
18	正丁酸	$CH_3(CH_2)_2COOH$	1.52×10^{-5}	4.82
19	异丁酸	$(CH_3)_2CHCOOH$	1.41×10^{-5}	4.85
20	3-丁烯酸	$CH_2=CHCH_2COOH$	2.1×10^{-5}	4.68
21	异丁烯酸	$CH_2=C(CH_2)COOH$	2.2×10^{-5}	4.66
22	反-丁烯二酸(富马酸)	$HOCOCH=CHCOOH$	$K_1=9.3\times10^{-4}$	3.03
			$K_2=3.6\times10^{-5}$	4.44
23	顺-丁烯二酸(马来酸)	$HOCOCH=CHCOOH$	$K_1=1.2\times10^{-2}$	1.92
			$K_2=5.9\times10^{-7}$	6.23
24	酒石酸	$HOCOCH(OH)CH(OH)COOH$	$K_1=1.04\times10^{-3}$	2.98
			$K_2=4.55\times10^{-5}$	4.34
25	正戊酸	$CH_3(CH_2)_3COOH$	1.4×10^{-5}	4.86
26	异戊酸	$(CH_3)_2CHCH_2COOH$	1.67×10^{-5}	4.78
27	2-戊烯酸	$CH_3CH_2CH=CHCOOH$	2.0×10^{-5}	4.70
28	3-戊烯酸	$CH_3CH=CHCH_2COOH$	3.0×10^{-5}	4.52
29	4-戊烯酸	$CH_2=CHCH_2CH_2COOH$	2.10×10^{-5}	4.68

续表

序号	名称	化学式	K_a	pK_a
30	戊二酸	$HOCO(CH_2)_3COOH$	$K_1=1.7\times10^{-4}$	3.77
			$K_2=8.3\times10^{-7}$	6.08
31	谷氨酸	$HOCOCH_2CH_2CH(NH_2)COOH$	$K_1=7.4\times10^{-3}$	2.13
			$K_2=4.9\times10^{-5}$	4.31
			$K_3=4.4\times10^{-10}$	9.36
32	正己酸	$CH_3(CH_2)_4COOH$	1.39×10^{-5}	4.86
33	异己酸	$(CH_3)_2CH(CH_2)_3COOH$	1.43×10^{-5}	4.85
34	(*E*)-2-己烯酸	$H(CH_2)_3CH=CHCOOH$	1.8×10^{-5}	4.74
35	(*E*)-3-己烯酸	$CH_3CH_2CH=CHCH_2COOH$	1.9×10^{-5}	4.72
36	己二酸	$HOCOCH_2CH_2CH_2CH_2COOH$	$K_1=3.8\times10^{-5}$	4.42
			$K_2=3.9\times10^{-6}$	5.41
37	柠檬酸	$HOCOCH_2C(OH)(COOH)CH_2COOH$	$K_1=7.4\times10^{-4}$	3.13
			$K_2=1.7\times10^{-5}$	4.76
			$K_3=4.0\times10^{-7}$	6.40
38	苯酚	C_6H_5OH	1.1×10^{-10}	9.96
39	邻苯二酚	$(o)C_6H_4(OH)_2$	$K_1=3.6\times10^{-10}$	9.45
			$K_2=1.6\times10^{-13}$	12.80
40	间苯二酚	$(m)C_6H_4(OH)_2$	$K_1=3.6\times10^{-10}$	9.30
			$K_2=8.71\times10^{-12}$	11.06
41	对苯二酚	$(p)C_6H_4(OH)_2$	1.1×10^{-10}	9.96
42	2,4,6-三硝基苯酚	$2,4,6\text{-}(NO_2)_3C_6H_2OH$	5.1×10^{-1}	0.29
43	葡萄糖酸	$CH_2OH(CHOH)_4COOH$	1.4×10^{-4}	3.86
44	苯甲酸	C_6H_5COOH	6.3×10^{-5}	4.20
45	水杨酸	$C_6H_4(OH)COOH$	$K_1=1.05\times10^{-3}$	2.98
			$K_2=4.17\times10^{-13}$	12.38
46	邻硝基苯甲酸	$(o)NO_2C_6H_4COOH$	6.6×10^{-3}	2.18
47	间硝基苯甲酸	$(m)NO_2C_6H_4COOH$	3.5×10^{-4}	3.46
48	对硝基苯甲酸	$(p)NO_2C_6H_4COOH$	3.6×10^{-4}	3.44
49	邻苯二甲酸	$(o)C_6H_4(COOH)_2$	$K_1=1.1\times10^{-3}$	2.96
			$K_2=4.0\times10^{-6}$	5.40

续表

序号	名称	化学式	K_a	pK_a
50	间苯二甲酸	$(m)C_6H_4(COOH)_2$	$K_1=2.4\times10^{-4}$	3.62
			$K_2=2.5\times10^{-5}$	4.60
51	对苯二甲酸	$(p)C_6H_4(COOH)_2$	$K_1=2.9\times10^{-4}$	3.54
			$K_2=3.5\times10^{-5}$	4.46
52	1,3,5-苯三甲酸	$C_6H_3(COOH)_3$	$K_1=7.6\times10^{-3}$	2.12
			$K_2=7.9\times10^{-5}$	4.10
			$K_3=6.6\times10^{-6}$	5.18
53	苯基六羧酸	$C_6(COOH)_6$	$K_1=2.1\times10^{-1}$	0.68
			$K_2=6.2\times10^{-3}$	2.21
			$K_3=3.0\times10^{-4}$	3.52
			$K_4=8.1\times10^{-6}$	5.09
			$K_5=4.8\times10^{-7}$	6.32
			$K_6=3.2\times10^{-8}$	7.49
54	癸二酸	$HOOC(CH_2)_8COOH$	$K_1=2.6\times10^{-5}$	4.59
			$K_2=2.6\times10^{-6}$	5.59
55	乙二胺四乙酸(EDTA)	$[(HOOCCH_2)_2NCH_2]_2$	$K_1=1.0\times10^{-2}$	2.00
			$K_2=2.14\times10^{-3}$	2.67
			$K_3=6.92\times10^{-7}$	6.16
			$K_4=5.5\times10^{-11}$	10.26

3. 无机碱在水溶液中的解离常数(25 ℃)

序号	名称	化学式	K_b	pK_b
1	氢氧化铝	$Al(OH)_3$	1.38×10^{-9}	8.86
2	氢氧化银	$AgOH$	1.10×10^{-4}	3.96
3	氢氧化钙	$Ca(OH)_2$	$K_1=3.72\times10^{-3}$	2.43
			$K_2=3.98\times10^{-2}$	1.40
4	氨水	$NH_3\cdot H_2O$	1.78×10^{-5}	4.75
5	肼(联氨)	N_2H_4	$K_1=9.55\times10^{-7}$	6.02
			$K_2=1.26\times10^{-15}$	14.90

续表

序号	名称	化学式	K_b	pK_b
6	羟氨	NH_2OH	9.12×10^{-9}	8.04
7	氢氧化铅	$Pb(OH)_2$	$K_1=9.55\times10^{-4}$	3.02
			$K_2=3.0\times10^{-8}$	7.52
8	氢氧化锌	$Zn(OH)_2$	9.55×10^{-4}	3.02

4. 有机碱在水溶液中的解离常数(25 ℃)

序号	名称	化学式	K_b	pK_b
1	甲胺	CH_3NH_2	4.17×10^{-4}	3.38
2	尿素(脲)	$CO(NH_2)_2$	1.5×10^{-14}	13.82
3	乙胺	$CH_3CH_2NH_2$	4.27×10^{-4}	3.37
4	乙醇胺	$H_2N(CH_2)_2OH$	3.16×10^{-5}	4.50
5	乙二胺	$H_2N(CH_2)_2NH_2$	$K_1=8.51\times10^{-5}$	4.07
			$K_2=7.08\times10^{-8}$	7.15
6	二甲胺	$(CH_3)_2NH$	5.89×10^{-4}	3.23
7	三甲胺	$(CH_3)_3N$	6.31×10^{-5}	4.20
8	三乙胺	$(C_2H_5)_3N$	5.25×10^{-4}	3.28
9	丙胺	$C_3H_7NH_2$	3.70×10^{-4}	3.43
10	异丙胺	$i\text{-}C_3H_7NH_2$	4.37×10^{-4}	3.36
11	1,3-丙二胺	$NH_2(CH_2)_3NH_2$	$K_1=2.95\times10^{-4}$	3.53
			$K_2=3.09\times10^{-6}$	5.51
12	1,2-丙二胺	$CH_3CH(NH_2)CH_2NH_2$	$K_1=5.25\times10^{-5}$	4.28
			$K_2=4.05\times10^{-8}$	7.39
13	三丙胺	$(CH_3CH_2CH_2)_3N$	4.57×10^{-4}	3.34
14	三乙醇胺	$(HOCH_2CH_2)_3N$	5.75×10^{-7}	6.24
15	丁胺	$C_4H_9NH_2$	4.37×10^{-4}	3.36
16	异丁胺	$C_4H_9NH_2$	2.57×10^{-4}	3.59
17	叔丁胺	$C_4H_9NH_2$	4.84×10^{-4}	3.32
18	己胺	$H(CH_2)_6NH_2$	4.37×10^{-4}	3.36

续表

序号	名称	化学式	K_b	pK_b
19	辛胺	$H(CH_2)_8NH_2$	4.47×10^{-4}	3.35
20	苯胺	$C_6H_5NH_2$	3.98×10^{-10}	9.40
21	苄胺	C_7H_9N	2.24×10^{-5}	4.65
22	环己胺	$C_6H_{11}NH_2$	4.37×10^{-4}	3.36
23	吡啶	C_5H_5N	1.48×10^{-9}	8.83
24	六亚甲基四胺	$(CH_2)_6N_4$	1.35×10^{-9}	8.87
25	2-氯酚	C_6H_5ClO	3.55×10^{-6}	5.45
26	3-氯酚	C_6H_5ClO	1.26×10^{-5}	4.90
27	4-氯酚	C_6H_5ClO	2.69×10^{-5}	4.57
28	邻氨基苯酚	$(o)H_2NC_6H_4OH$	$K_1=5.2\times10^{-5}$	4.28
			$K_2=1.9\times10^{-5}$	4.72
29	间氨基苯酚	$(m)H_2NC_6H_4OH$	$K_1=7.4\times10^{-5}$	4.13
			$K_2=6.8\times10^{-5}$	4.17
30	对氨基苯酚	$(p)H_2NC_6H_4OH$	$K_1=2.0\times10^{-4}$	3.70
			$K_2=3.2\times10^{-6}$	5.50
31	邻甲苯胺	$(o)CH_3C_6H_4NH_2$	2.82×10^{-10}	9.55
32	间甲苯胺	$(m)CH_3C_6H_4NH_2$	5.13×10^{-10}	9.29
33	对甲苯胺	$(p)CH_3C_6H_4NH_2$	1.20×10^{-9}	8.92
34	8-羟基喹啉(20 ℃)	$8-HOC_9H_6N$	6.5×10^{-5}	4.19
35	二苯胺	$(C_6H_5)_2NH$	7.94×10^{-14}	13.1
36	联苯胺	$H_2NC_6H_4C_6H_4NH_2$	$K_1=5.01\times10^{-10}$	9.30
			$K_2=4.27\times10^{-11}$	10.37

附录四　化合物的溶度积常数

化合物	溶度积常数	化合物	溶度积常数	化合物	溶度积常数
醋酸盐		Hg_2CO_3	3.6×10^{-17}	$Cr(OH)_3$	6.3×10^{-31}
AgAc	1.94×10^{-3}	$MgCO_3$	6.82×10^{-6}	$Cu(OH)_2$	2.2×10^{-20}
卤化物		$MnCO_3$	2.24×10^{-11}	$Fe(OH)_2$	8.0×10^{-16}
AgBr	5.0×10^{-13}	$NiCO_3$	1.42×10^{-7}	$Fe(OH)_3$	4×10^{-38}
AgCl	1.8×10^{-10}	$PbCO_3$	7.4×10^{-14}	$Mg(OH)_2$	1.8×10^{-11}
AgI	8.3×10^{-17}	$SrCO_3$	5.6×10^{-10}	$Mn(OH)_2$	1.9×10^{-13}
BaF_2	1.84×10^{-7}	$ZnCO_3$	1.46×10^{-10}	$Ni(OH)_2$(新制备)	2.0×10^{-15}
CaF_2	5.3×10^{-9}	铬酸盐		$Pb(OH)_2$	1.2×10^{-15}
CuBr	5.3×10^{-9}	Ag_2CrO_4	1.12×10^{-12}	$Sn(OH)_2$	1.4×10^{-28}
CuCl	1.2×10^{-6}	$Ag_2Cr_2O_7$	2.0×10^{-7}	$Sr(OH)_2$	9×10^{-4}
CuI	1.1×10^{-12}	$BaCrO_4$	1.2×10^{-10}	$Zn(OH)_2$	1.2×10^{-17}
Hg_2Cl_2	1.3×10^{-18}	$CaCrO_4$	7.1×10^{-4}	草酸盐	
Hg_2I_2	4.5×10^{-29}	$CuCrO_4$	3.6×10^{-6}	$Ag_2C_2O_4$	5.4×10^{-12}
HgI_2	2.9×10^{-29}	Hg_2CrO_4	2.0×10^{-9}	BaC_2O_4	1.6×10^{-7}
$PbBr_2$	6.60×10^{-6}	$PbCrO_4$	2.8×10^{-13}	$CaC_2O_4\cdot H_2O$	4×10^{-9}
$PbCl_2$	1.6×10^{-5}	$SrCrO_4$	2.2×10^{-5}	CuC_2O_4	4.43×10^{-10}
PbF_2	3.3×10^{-8}	氢氧化物		$FeC_2O_4\cdot 2H_2O$	3.2×10^{-7}
PbI_2	8.4×10^{-9}	AgOH	2.0×10^{-8}	$Hg_2C_2O_4$	1.75×10^{-13}
SrF_2	4.33×10^{-9}	$Al(OH)_3$(无定形)	1.3×10^{-33}	$MgC_2O_4\cdot 2H_2O$	4.83×10^{-6}
碳酸盐		$Be(OH)_2$(无定形)	1.6×10^{-22}	$MnC_2O_4\cdot 2H_2O$	1.70×10^{-7}
Ag_2CO_3	8.45×10^{-12}	$Ca(OH)_2$	5.5×10^{-6}	PbC_2O_4	8.51×10^{-10}
$BaCO_3$	5.1×10^{-9}	$Cd(OH)_2$	5.27×10^{-15}	$SrC_2O_4\cdot H_2O$	1.6×10^{-7}
$CaCO_3$	3.36×10^{-9}	$Co(OH)_2$(粉红色)	1.09×10^{-15}	$ZnC_2O_4\cdot 2H_2O$	1.38×10^{-9}
$CdCO_3$	1.0×10^{-12}	$Co(OH)_2$(蓝色)	5.92×10^{-15}	硫酸盐	
$CuCO_3$	1.4×10^{-10}	$Co(OH)_3$	1.6×10^{-44}	Ag_2SO_4	1.4×10^{-5}
$FeCO_3$	3.13×10^{-11}	$Cr(OH)_2$	2×10^{-16}	* $BaSO_4$	1.1×10^{-10}

续表

化合物	溶度积常数	化合物	溶度积常数	化合物	溶度积常数
* $CaSO_4$	9.1×10^{-6}	PbS	8.0×10^{-28}	其他盐	
Hg_2SO_4	6.5×10^{-7}	SnS	1×10^{-25}	$[Ag^+][Ag(CN)_2]^-$	7.2×10^{-11}
* $PbSO_4$	1.6×10^{-8}	SnS_2	2×10^{-27}	$Ag_4[Fe(CN)_6]$	1.6×10^{-41}
* $SrSO_4$	3.2×10^{-7}	ZnS	2.93×10^{-25}	$Cu_2[Fe(CN)_6]$	1.3×10^{-16}
硫化物		磷酸盐		AgSCN	1.03×10^{-12}
* Ag_2S	6.3×10^{-50}	Ag_3PO_4	1.4×10^{-16}	CuSCN	4.8×10^{-15}
CdS	8.0×10^{-27}	$AlPO_4$	6.3×10^{-19}	$AgBrO_3$	5.3×10^{-5}
CoS(α-型)	4.0×10^{-21}	$CaHPO_4$	1×10^{-7}	$AgIO_3$	3.0×10^{-8}
CoS(β-型)	2.0×10^{-25}	$Ca_3(PO_4)_2$	2.0×10^{-29}	$Cu(IO_3)_2\cdot H_2O$	7.4×10^{-8}
Cu_2S	2.5×10^{-48}	$Cd_3(PO_4)_2$	2.53×10^{-33}	$KHC_4H_4O_6$(酒石酸氢钾)	3×10^{-4}
CuS	6.3×10^{-36}	$Cu_3(PO_4)_2$	1.40×10^{-37}	Al(8-羟基喹啉)$_3$	5×10^{-33}
FeS	6.3×10^{-18}	$FePO_4\cdot 2H_2O$	9.91×10^{-16}	$K_2Na[Co(NO_2)_6]\cdot H_2O$	2.2×10^{-11}
HgS(黑色)	1.6×10^{-52}	$MgNH_4PO_4$	2.5×10^{-13}	$Na(NH_4)_2[Co(NO_2)_6]$	4×10^{-12}
HgS(红色)	4×10^{-53}	$Mg_3(PO_4)_2$	1.04×10^{-24}	Ni(丁二酮肟)$_2$	4×10^{-24}
MnS(晶形)	2.5×10^{-13}	$Pb_3(PO_4)_2$	8.0×10^{-43}	* Mg(8-羟基喹啉)$_2$	4×10^{-16}
NiS	1.07×10^{-21}	$Zn_3(PO_4)_2$	9.0×10^{-33}	* Zn(8-羟基喹啉)$_2$	5×10^{-25}

说明：数据摘自① D. R. Lide. Handbook of Chemistry and Physics[M]. 78th. edition. Boca Raton: CRC Press, 1997～1998.

* 摘自② J. A. Dean. Lange's Handbook of Chemistry[M]. 13th. edition. New York: McGraw-Hill, 1985.

附录五　配合物稳定常数

1. 金属-无机配位体配合物的稳定常数(25 ℃,离子强度 $I=0$)

序号	配位体	金属离子	配位体数目 n	$\lg\beta_n$
1	NH_3	Ag^+	1,2	3.24,7.05
		Au^{3+}	4	10.3
		Cd^{2+}	1,2,3,4,5,6	2.65,4.75,6.19,7.12,6.80,5.14
		Co^{2+}	1,2,3,4,5,6	2.11,3.74,4.79,5.55,5.73,5.11
		Co^{3+}	1,2,3,4,5,6	6.7,14.0,20.1,25.7,30.8,35.2
		Cu^+	1,2	5.93,10.86
		Cu^{2+}	1,2,3,4,5	4.31,7.98,11.02,13.32,12.86
		Fe^{2+}	1,2	1.4,2.2
		Hg^{2+}	1,2,3,4	8.8,17.5,18.5,19.28
		Mn^{2+}	1,2	0.8,1.3
		Ni^{2+}	1,2,3,4,5,6	2.80,5.04,6.77,7.96,8.71,8.74
		Pd^{2+}	1,2,3,4	9.6,18.5,26.0,32.8
		Pt^{2+}	6	35.3
		Zn^{2+}	1,2,3,4	2.37,4.81,7.31,9.46
2	Br^-	Ag^+	1,2,3,4	4.38,7.33,8.00,8.73
		Bi^{3+}	1,2,3,4,5,6	2.37,4.20,5.90,7.30,8.20,8.30
		Cd^{2+}	1,2,3,4	1.75,2.34,3.32,3.70
		Ce^{3+}	1	0.42
		Cu^+	2	5.89
		Cu^{2+}	1	0.30
		Hg^{2+}	1,2,3,4	9.05,17.32,19.74,21.00
		In^{3+}	1,2	1.30,1.88
		Pb^{2+}	1,2,3,4	1.77,2.60,3.00,2.30
		Pd^{2+}	1,2,3,4	5.17,9.42,12.70,14.90
		Rh^{3+}	2,3,4,5,6	14.3,16.3,17.6,18.4,17.2

续表

序号	配位体	金属离子	配位体数目 n	$\lg\beta_n$
		Sc^{3+}	1,2	2.08,3.08
		Sn^{2+}	1,2,3	1.11,1.81,1.46
		Tl^{3+}	1,2,3,4,5,6	9.7,16.6,21.2,23.9,29.2,31.6
		U^{4+}	1	0.18
		Y^{3+}	1	1.32
3	Cl^-	Ag^+	1,2,3,4	3.04,5.04,5.04,5.30
		Bi^{3+}	1,2,3,4	2.44,4.7,5.0,5.6
		Cd^{2+}	1,2,3,4	1.95,2.50,2.60,2.80
		Co^{3+}	1	1.42
		Cu^+	2,3	5.5,5.7
		Cu^{2+}	1,2	0.1,-0.6
		Fe^{2+}	1	1.17
		Fe^{3+}	2	9.8
		Hg^{2+}	1,2,3,4	6.74,13.22,14.07,15.07
		In^{3+}	1,2,3,4	1.62,2.44,1.70,1.60
		Pb^{2+}	1,2,3	1.42,2.23,3.23
		Pd^{2+}	1,2,3,4	6.1,10.7,13.1,15.7
		Pt^{2+}	2,3,4	11.5,14.5,16.0
		Sb^{3+}	1,2,3,4,5,6	2.26,3.49,4.18,4.72,4.72,4.11
		Sn^{2+}	1,2,3,4	1.51,2.24,2.03,1.48
		Tl^{3+}	1,2,3,4	8.14,13.60,15.78,18.00
		Th^{4+}	1,2	1.38,0.38
		Zn^{2+}	1,2,3,4	0.43,0.61,0.53,0.20
		Zr^{4+}	1,2,3,4	0.9,1.3,1.5,1.2
4	CN^-	Ag^+	1,2,3,4	-,21.1,21.7,20.6
		Au^+	2	38.3
		Cd^{2+}	1,2,3,4	5.48,10.60,15.23,18.78
		Cu^+	1,2,3,4	-,24.0,28.59,30.30
		Fe^{2+}	6	35.0
		Fe^{3+}	6	42.0
		Hg^{2+}	4	41.4
		Ni^{2+}	4	31.3
		Zn^{2+}	1,2,3,4	5.3,11.70,16.70,21.60

续表

序号	配位体	金属离子	配位体数目 n	$\lg\beta_n$
5	F^-	Al^{3+}	1,2,3,4,5,6	6.11,11.12,15.00,18.00,19.40,19.80
		Be^{2+}	1,2,3,4	4.99,8.80,11.60,13.10
		Bi^{3+}	1	1.42
		Co^{2+}	1	0.4
		Cr^{3+}	1,2,3	4.36,8.70,11.20
		Cu^{2+}	1	0.9
		Fe^{2+}	1	0.8
		Fe^{3+}	1,2,3,5	5.28,9.30,12.06,15.77
		Ga^{3+}	1,2,3	4.49,8.00,10.50
		Hf^{4+}	1,2,3,4,5,6	9.0,16.5,23.1,28.8,34.0,38.0
		Hg^{2+}	1	1.03
		In^{3+}	1,2,3,4	3.70,6.40,8.60,9.80
		Mg^{2+}	1	1.30
		Mn^{2+}	1	5.48
		Ni^{2+}	1	0.50
		Pb^{2+}	1,2	1.44,2.54
		Sb^{3+}	1,2,3,4	3.0,5.7,8.3,10.9
		Sn^{2+}	1,2,3	4.08,6.68,9.50
		Th^{4+}	1,2,3,4	8.44,15.08,19.80,23.20
		TiO^{2+}	1,2,3,4	5.4,9.8,13.7,18.0
		Zn^{2+}	1	0.78
		Zr^{4+}	1,2,3,4,5,6	9.4,17.2,23.7,29.5,33.5,38.3
6	I^-	Ag^+	1,2,3	6.58,11.74,13.68
		Bi^{3+}	1,2,3,4,5,6	3.63,−,−,14.95,16.80,18.80
		Cd^{2+}	1,2,3,4	2.10,3.43,4.49,5.41
		Cu^+	2	8.85
		Fe^{3+}	1	1.88
		Hg^{2+}	1,2,3,4	12.87,23.82,27.60,29.83
		Pb^{2+}	1,2,3,4	2.00,3.15,3.92,4.47
		Pd^{2+}	4	24.5
		Tl^+	1,2,3	0.72,0.90,1.08
		Tl^{3+}	1,2,3,4	11.41,20.88,27.60,31.82

续表

序号	配位体	金属离子	配位体数目 n	$\lg\beta_n$
7	OH^-	Ag^+	1,2	2.0,3.99
		Al^{3+}	1,4	9.27,33.03
		As^{3+}	1,2,3,4	14.33,18.73,20.60,21.20
		Be^{2+}	1,2,3	9.7,14.0,15.2
		Bi^{3+}	1,2,4	12.7,15.8,35.2
		Ca^{2+}	1	1.3
		Cd^{2+}	1,2,3,4	4.17,8.33,9.02,8.62
		Ce^{3+}	1	4.6
		Ce^{4+}	1,2	13.28,26.46
		Co^{2+}	1,2,3,4	4.3,8.4,9.7,10.2
		Cr^{3+}	1,2,4	10.1,17.8,29.9
		Cu^{2+}	1,2,3,4	7.0,13.68,17.00,8.5
		Fe^{2+}	1,2,3,4	5.56,9.77,9.67,8.58
		Fe^{3+}	1,2,3	11.87,21.17,29.67
		Hg^{2+}	1,2,3	10.6,21.8,20.9
		In^{3+}	1,2,3,4	10.0,20.2,29.6,38.9
		Mg^{2+}	1	2.58
		Mn^{2+}	1,3	3.9,8.3
		Ni^{2+}	1,2,3	4.97,8.55,11.33
		Pa^{4+}	1,2,3,4	14.04,27.84,40.7,51.4
		Pb^{2+}	1,2,3	7.82,10.85,14.58
		Pd^{2+}	1,2	13.0,25.8
		Sb^{3+}	2,3,4	24.3,36.7,38.3
		Sc^{3+}	1	8.9
		Sn^{2+}	1	10.4
		Th^{3+}	1,2	12.86,25.37
		Ti^{3+}	1	12.71
		Zn^{2+}	1,2,3,4	4.40,11.30,14.14,17.66
		Zr^{4+}	1,2,3,4	14.3,28.3,41.9,55.3

续表

序号	配位体	金属离子	配位体数目 n	$\lg\beta_n$
8	NO_3^-	Ba^{2+}	1	0.92
		Bi^{3+}	1	1.26
		Ca^{2+}	1	0.28
		Cd^{2+}	1	0.40
		Fe^{3+}	1	1.0
		Hg^{2+}	1	0.35
		Pb^{2+}	1	1.18
		Tl^{+}	1	0.33
		Tl^{3+}	1	0.92
9	$P_2O_7^{4-}$	Ba^{2+}	1	4.6
		Ca^{2+}	1	4.6
		Cd^{3+}	1	5.6
		Co^{2+}	1	6.1
		Cu^{2+}	1,2	6.7,9.0
		Hg^{2+}	2	12.38
		Mg^{2+}	1	5.7
		Ni^{2+}	1,2	5.8,7.4
		Pb^{2+}	1,2	7.3,10.15
		Zn^{2+}	1,2	8.7,11.0
10	SCN^-	Ag^{+}	1,2,3,4	4.6,7.57,9.08,10.08
		Bi^{3+}	1,2,3,4,5,6	1.67,3.00,4.00,4.80,5.50,6.10
		Cd^{2+}	1,2,3,4	1.39,1.98,2.58,3.6
		Cr^{3+}	1,2	1.87,2.98
		Cu^{+}	1,2	12.11,5.18
		Cu^{2+}	1,2	1.90,3.00
		Fe^{3+}	1,2,3,4,5,6	2.21,3.64,5.00,6.30,6.20,6.10
		Hg^{2+}	1,2,3,4	9.08,16.86,19.70,21.70
		Ni^{2+}	1,2,3	1.18,1.64,1.81
		Pb^{2+}	1,2,3	0.78,0.99,1.00
		Sn^{2+}	1,2,3	1.17,1.77,1.74
		Th^{4+}	1,2	1.08,1.78
		Zn^{2+}	1,2,3,4	1.33,1.91,2.00,1.60

续表

序号	配位体	金属离子	配位体数目 n	$\lg\beta_n$
11	$S_2O_3^{2-}$	Ag^+	1,2,3	8.82,13.46,14.15
		Cd^{2+}	1,2	3.92,6.44
		Cu^+	1,2,3	10.27,12.22,13.84
		Fe^{3+}	1	2.10
		Hg^{2+}	1,2,3,4	–,29.44,31.90,33.24
		Pb^{2+}	2,3	5.13,6.35
12	SO_4^{2-}	Ag^+	1	1.3
		Ba^{2+}	1	2.7
		Bi^{3+}	1,2,3,4,5	1.98,3.41,4.08,4.34,4.60
		Fe^{3+}	1,2	4.04,5.38
		Hg^{2+}	1,2	1.34,2.40
		In^{3+}	1,2,3	1.78,1.88,2.36
		Ni^{2+}	1	2.4
		Pb^{2+}	1	2.75
		Pr^{3+}	1,2	3.62,4.92
		Th^{4+}	1,2	3.32,5.50
		Zr^{4+}	1,2,3	3.79,6.64,7.77

2. 金属-有机配位体配合物的稳定常数

（表中离子强度都是在有限的范围内，$I\approx0$。β_n表示累积稳定常数）

序号	配位体	金属离子	配位体数目 n	$\lg\beta_n$
1	乙二胺四乙酸 (EDTA) $[(HOOCCH_2)_2NCH_2]_2$	Ag^+	1	7.32
		Al^{3+}	1	16.11
		Ba^{2+}	1	7.78
		Be^{2+}	1	9.3
		Bi^{3+}	1	22.8
		Ca^{2+}	1	11.0
		Cd^{2+}	1	16.4
		Co^{2+}	1	16.31
		Co^{3+}	1	36.0

续表

序号	配位体	金属离子	配位体数目 n	$\lg\beta_n$
	乙二胺四乙酸 (EDTA) $[(HOOCCH_2)_2NCH_2]_2$	Cr^{3+}	1	23.0
		Cu^{2+}	1	18.7
		Fe^{2+}	1	14.83
		Fe^{3+}	1	24.23
		Ga^{3+}	1	20.25
		Hg^{2+}	1	21.80
		In^{3+}	1	24.95
		Li^{+}	1	2.79
		Mg^{2+}	1	8.64
		Mn^{2+}	1	13.8
		Mo(V)	1	6.36
		Na^{+}	1	1.66
		Ni^{2+}	1	18.56
		Pb^{2+}	1	18.3
		Pd^{2+}	1	18.5
		Sc^{2+}	1	23.1
		Sn^{2+}	1	22.1
		Sr^{2+}	1	8.80
		Th^{4+}	1	23.2
		TiO^{2+}	1	17.3
		Tl^{3+}	1	22.5
		U^{4+}	1	17.50
		VO^{2+}	1	18.0
		Y^{3+}	1	18.32
		Zn^{2+}	1	16.4
		Zr^{4+}	1	19.4
2	乙酸 CH_3COOH	Ag^{+}	1,2	0.73,0.64
		Ba^{2+}	1	0.41
		Ca^{2+}	1	0.6
		Cd^{2+}	1,2,3	1.5,2.3,2.4
		Ce^{3+}	1,2,3,4	1.68,2.69,3.13,3.18

续表

序号	配位体	金属离子	配位体数目 n	$\lg\beta_n$
	乙酸 CH_3COOH	Co^{2+}	1,2	1.5,1.9
		Cr^{3+}	1,2,3	4.63,7.08,9.60
		Cu^{2+} (20℃)	1,2	2.16,3.20
		In^{3+}	1,2,3,4	3.50,5.95,7.90,9.08
		Mn^{2+}	1,2	9.84,2.06
		Ni^{2+}	1,2	1.12,1.81
		Pb^{2+}	1,2,3,4	2.52,4.0,6.4,8.5
		Sn^{2+}	1,2,3	3.3,6.0,7.3
		Tl^{3+}	1,2,3,4	6.17,11.28,15.10,18.3
		Zn^{2+}	1	1.5
3	乙酰丙酮 $CH_3COCH_2CH_3$	Al^{3+} (30℃)	1,2	8.6,15.5
		Cd^{2+}	1,2	3.84,6.66
		Co^{2+}	1,2	5.40,9.54
		Cr^{2+}	1,2	5.96,11.7
		Cu^{2+}	1,2	8.27,16.34
		Fe^{2+}	1,2	5.07,8.67
		Fe^{3+}	1,2,3	11.4,22.1,26.7
		Hg^{2+}	2	21.5
		Mg^{2+}	1,2	3.65,6.27
		Mn^{2+}	1,2	4.24,7.35
		Mn^{3+}	3	3.86
		Ni^{2+} (20℃)	1,2,3	6.06,10.77,13.09
		Pb^{2+}	2	6.32
		Pd^{2+} (30℃)	1,2	16.2,27.1
		Th^{4+}	1,2,3,4	8.8,16.2,22.5,26.7
		Ti^{3+}	1,2,3	10.43,18.82,24.90
		V^{2+}	1,2,3	5.4,10.2,14.7
		Zn^{2+} (30℃)	1,2	4.98,8.81
		Zr^{4+}	1,2,3,4	8.4,16.0,23.2,30.1

续表

序号	配位体	金属离子	配位体数目 n	$\lg\beta_n$
4	草酸 HOOCCOOH	Ag^{+}	1	2.41
		Al^{3+}	1,2,3	7.26,13.0,16.3
		Ba^{2+}	1	2.31
		Ca^{2+}	1	3.0
		Cd^{2+}	1,2	3.52,5.77
		Co^{2+}	1,2,3	4.79,6.7,9.7
		Cu^{2+}	1,2	6.23,10.27
		Fe^{2+}	1,2,3	2.9,4.52,5.22
		Fe^{3+}	1,2,3	9.4,16.2,20.2
		Hg^{2+}	1	9.66
		Hg_2^{2+}	2	6.98
		Mg^{2+}	1,2	3.43,4.38
		Mn^{2+}	1,2	3.97,5.80
		Mn^{3+}	1,2,3	9.98,16.57,19.42
		Ni^{2+}	1,2,3	5.3,7.64,8.5
		Pb^{2+}	1,2	4.91,6.76
		Sc^{3+}	1,2,3,4	6.86,11.31,14.32,16.70
		Th^{4+}	4	24.48
		Zn^{2+}	1,2,3	4.89,7.60,8.15
		Zr^{4+}	1,2,3,4	9.80,17.14,20.86,21.15
5	乳酸 $CH_3CHOHCOOH$	Ba^{2+}	1	0.64
		Ca^{2+}	1	1.42
		Cd^{2+}	1	1.70
		Co^{2+}	1	1.90
		Cu^{2+}	1,2	3.02,4.85
		Fe^{3+}	1	7.1
		Mg^{2+}	1	1.37
		Mn^{2+}	1	1.43
		Ni^{2+}	1	2.22
		Pb^{2+}	1,2	2.40,3.80
		Sc^{2+}	1	5.2
		Th^{4+}	1	5.5
		Zn^{2+}	1,2	2.20,3.75

续表

序号	配位体	金属离子	配位体数目 n	$\lg\beta_n$
6	水杨酸 $C_6H_4(OH)COOH$	Al^{3+}	1	14.11
		Cd^{2+}	1	5.55
		Co^{2+}	1,2	6.72,11.42
		Cr^{2+}	1,2	8.4,15.3
		Cu^{2+}	1,2	10.60,18.45
		Fe^{2+}	1,2	6.55,11.25
		Mn^{2+}	1,2	5.90,9.80
		Ni^{2+}	1,2	6.95,11.75
		Th^{4+}	1,2,3,4	4.25,7.60,10.05,11.60
		TiO^{2+}	1	6.09
		V^{2+}	1	6.3
		Zn^{2+}	1	6.85
7	磺基水杨酸 $HO_3SC_6H_3(OH)COOH$	Al^{3+} (0.1 mol/L)	1,2,3	13.20,22.83,28.89
		Be^{2+} (0.1 mol/L)	1,2	11.71,20.81
		Cd^{2+} (0.1 mol/L)	1,2	16.68,29.08
		Co^{2+} (0.1 mol/L)	1,2	6.13,9.82
		Cr^{3+} (0.1 mol/L)	1	9.56
		Cu^{2+} (0.1 mol/L)	1,2	9.52,16.45
		Fe^{2+} (0.1 mol/L)	1,2	5.9,9.9
		Fe^{3+} (0.1 mol/L)	1,2,3	14.64,25.18,32.12
		Mn^{2+} (0.1 mol/L)	1,2	5.24,8.24
		Ni^{2+} (0.1 mol/L)	1,2	6.42,10.24
		Zn^{2+} (0.1 mol/L)	1,2	6.05,10.65
8	酒石酸 $(HOOCCHOH)_2$	Ba^{2+}	2	1.62
		Bi^{3+}	3	8.30
		Ca^{2+}	1,2	2.98,9.01
		Cd^{2+}	1	2.8
		Co^{2+}	1	2.1
		Cu^{2+}	1,2,3,4	3.2,5.11,4.78,6.51
		Fe^{3+}	1	7.49
		Hg^{2+}	1	7.0

续表

序号	配位体	金属离子	配位体数目 n	$\lg\beta_n$
	酒石酸 $(HOOCCHOH)_2$	Mg^{2+}	2	1.36
		Mn^{2+}	1	2.49
		Ni^{2+}	1	2.06
		Pb^{2+}	1,3	3.78,4.7
		Sn^{2+}	1	5.2
		Zn^{2+}	1,2	2.68,8.32
9	丁二酸 $HOOCCH_2CH_2COOH$	Ba^{2+}	1	2.08
		Be^{2+}	1	3.08
		Ca^{2+}	1	2.0
		Cd^{2+}	1	2.2
		Co^{2+}	1	2.22
		Cu^{2+}	1	3.33
		Fe^{3+}	1	7.49
		Hg^{2+}	2	7.28
		Mg^{2+}	1	1.20
		Mn^{2+}	1	2.26
		Ni^{2+}	1	2.36
		Pb^{2+}	1	2.8
		Zn^{2+}	1	1.6
10	硫脲 $H_2NC(=S)NH_2$	Ag^{+}	1,2	7.4,13.1
		Bi^{3+}	6	11.9
		Cd^{2+}	1,2,3,4	0.6,1.6,2.6,4.6
		Cu^{+}	3,4	13.0,15.4
		Hg^{2+}	2,3,4	22.1,24.7,26.8
		Pb^{2+}	1,2,3,4	1.4,3.1,4.7,8.3
11	乙二胺 $H_2NCH_2CH_2NH_2$	Ag^{+}	1,2	4.70,7.70
		Cd^{2+}(20℃)	1,2,3	5.47,10.09,12.09
		Co^{2+}	1,2,3	5.91,10.64,13.94
		Co^{3+}	1,2,3	18.7,34.9,48.69
		Cr^{2+}	1,2	5.15,9.19
		Cu^{+}	2	10.8

续表

序号	配位体	金属离子	配位体数目 n	$\lg\beta_n$
	乙二胺 $H_2NCH_2CH_2NH_2$	Cu^{2+}	1,2,3	10.67,20.0,21.0
		Fe^{2+}	1,2,3	4.34,7.65,9.70
		Hg^{2+}	1,2	14.3,23.3
		Mg^{2+}	1	0.37
		Mn^{2+}	1,2,3	2.73,4.79,5.67
		Ni^{2+}	1,2,3	7.52,13.84,18.33
		Pd^{2+}	2	26.90
		V^{2+}	1,2	4.6,7.5
		Zn^{2+}	1,2,3	5.77,10.83,14.11
12	吡啶 C_5H_5N	Ag^{+}	1,2	1.97,4.35
		Cd^{2+}	1,2,3,4	1.40,1.95,2.27,2.50
		Co^{2+}	1,2	1.14,1.54
		Cu^{2+}	1,2,3,4	2.59,4.33,5.93,6.54
		Fe^{2+}	1	0.71
		Hg^{2+}	1,2,3	5.1,10.0,10.4
		Mn^{2+}	1,2,3,4	1.92,2.77,3.37,3.50
		Zn^{2+}	1,2,3,4	1.41,1.11,1.61,1.93
13	甘氨酸 H_2NCH_2COOH	Ag^{+}	1,2	3.41,6.89
		Ba^{2+}	1	0.77
		Ca^{2+}	1	1.38
		Cd^{2+}	1,2	4.74,8.60
		Co^{2+}	1,2,3	5.23,9.25,10.76
		Cu^{2+}	1,2,3	8.60,15.54,16.27
		Fe^{2+}(20℃)	1,2	4.3,7.8
		Hg^{2+}	1,2	10.3,19.2
		Mg^{2+}	1,2	3.44,6.46
		Mn^{2+}	1,2	3.6,6.6
		Ni^{2+}	1,2,3	6.18,11.14,15.0
		Pb^{2+}	1,2	5.47,8.92
		Pd^{2+}	1,2	9.12,17.55
		Zn^{2+}	1,2	5.52,9.96

续表

序号	配位体	金属离子	配位体数目 n	$\lg\beta_n$
14	2-甲基-8-羟基喹啉（50%二噁烷）	Cd^{2+}	1,2,3	9.00,9.00,16.60
		Ce^{3+}	1	7.71
		Co^{2+}	1,2	9.63,18.50
		Cu^{2+}	1,2	12.48,24.00
		Fe^{2+}	1,2	8.75,17.10
		Mg^{2+}	1,2	5.24,9.64
		Mn^{2+}	1,2	7.44,13.99
		Ni^{2+}	1,2	9.41,17.76
		Pb^{2+}	1,2	10.30,18.50
		UO_2^{2+}	1,2	9.4,17.0
		Zn^{2+}	1,2	9.82,18.72

说明：数据摘自 R. H. Petrucci, W. S. Harwood, F. G. Herring. General Chemistry: Principles and Modern Applications, 8ed. New Jersey: Prentice Hall Press, 2002.

络合反应的平衡常数用配合物稳定常数表示，又称配合物形成常数。此常数值越大，说明形成的配合物越稳定。其倒数用来表示配合物的解离程度，称为配合物的不稳定常数。

附录六 标准电极电势表(25 ℃,101.325 kPa)

1. 在酸性溶液中

电对	电极反应	$E^\ominus$(V)
Li^+/Li	$Li^+ + e^- \rightleftharpoons Li$	−3.0401
Cs^+/Cs	$Cs^+ + e^- \rightleftharpoons Cs$	−3.026
Rb^+/Rb	$Rb^+ + e^- \rightleftharpoons Rb$	−2.98
K^+/K	$K^+ + e^- \rightleftharpoons K$	−2.931
Ba^{2+}/Ba	$Ba^{2+} + 2e^- \rightleftharpoons Ba$	−2.912
Sr^{2+}/Sr	$Sr^{2+} + 2e^- \rightleftharpoons Sr$	−2.89
Ca^{2+}/Ca	$Ca^{2+} + 2e^- \rightleftharpoons Ca$	−2.868

续表

电对	电极反应	$E^\ominus$(V)
Na^+/Na	$Na^+ + e^- \rightleftharpoons Na$	−2.71
La^{3+}/La	$La^{3+} + 3e^- \rightleftharpoons La$	−2.379
Mg^{2+}/Mg	$Mg^{2+} + 2e^- \rightleftharpoons Mg$	−2.372
Ce^{3+}/Ce	$Ce^{3+} + 3e^- \rightleftharpoons Ce$	−2.336
H_2/H^-	$H_2(g) + 2e^- \rightleftharpoons 2H^-$	−2.23
$[AlF_6]^{3-}/Al$	$[AlF_6]^{3-} + 3e^- \rightleftharpoons Al + 6F^-$	−2.069
Th^{4+}/Th	$Th^{4+} + 4e^- \rightleftharpoons Th$	−1.899
Be^{2+}/Be	$Be^{2+} + 2e^- \rightleftharpoons Be$	−1.847
U^{3+}/U	$U^{3+} + 3e^- \rightleftharpoons U$	−1.798
HfO^{2+}/Hf	$HfO^{2+} + 2H^+ + 4e^- \rightleftharpoons Hf + H_2O$	−1.724
Al^{3+}/Al	$Al^{3+} + 3e^- \rightleftharpoons Al$	−1.662
Ti^{2+}/Ti	$Ti^{2+} + 2e^- \rightleftharpoons Ti$	−1.630
ZrO_2/Zr	$ZrO_2 + 4H^+ + 4e^- \rightleftharpoons Zr + 2H_2O$	−1.553
$[SiF_6]^{2-}/Si$	$[SiF_6]^{2-} + 4e^- \rightleftharpoons Si + 6F^-$	−1.24
Mn^{2+}/Mn	$Mn^{2+} + 2e^- \rightleftharpoons Mn$	−1.185
Cr^{2+}/Cr	$Cr^{2+} + 2e^- \rightleftharpoons Cr$	−0.913
Ti^{3+}/Ti^{2+}	$Ti^{3+} + e^- \rightleftharpoons Ti^{2+}$	−0.9
H_3BO_3/B	$H_3BO_3 + 3H^+ + 3e^- \rightleftharpoons B + 3H_2O$	−0.8698
TiO_2/Ti	$TiO_2 + 4H^+ + 4e^- \rightleftharpoons Ti + 2H_2O$	−0.86
Te/H_2Te	$Te + 2H^+ + 2e^- \rightleftharpoons H_2Te$	−0.793
Zn^{2+}/Zn	$Zn^{2+} + 2e^- \rightleftharpoons Zn$	−0.7618
Ta_2O_5/Ta	$Ta_2O_5 + 10H^+ + 10e^- \rightleftharpoons 2Ta + 5H_2O$	−0.750
Cr^{3+}/Cr	$Cr^{3+} + 3e^- \rightleftharpoons Cr$	−0.744
Nb_2O_5/Nb	$Nb_2O_5 + 10H^+ + 10e^- \rightleftharpoons 2Nb + 5H_2O$	−0.644
As/AsH_3	$As + 3H^+ + 3e^- \rightleftharpoons AsH_3$	−0.608
U^{4+}/U^{3+}	$U^{4+} + e^- \rightleftharpoons U^{3+}$	−0.607
Ga^{3+}/Ga	$Ga^{3+} + 3e^- \rightleftharpoons Ga$	−0.549
H_3PO_2/P	$H_3PO_2 + H^+ + e^- \rightleftharpoons P + 2H_2O$	−0.508
H_3PO_3/H_3PO_2	$H_3PO_3 + 2H^+ + 2e^- \rightleftharpoons H_3PO_2 + H_2O$	−0.499
$CO_2/H_2C_2O_4$	$2CO_2 + 2H^+ + 2e^- \rightleftharpoons H_2C_2O_4$	−0.49
Fe^{2+}/Fe	$Fe^{2+} + 2e^- \rightleftharpoons Fe$	−0.447

续表

电对	电极反应	$E^\ominus$(V)
Cr^{3+}/Cr^{2+}	$Cr^{3+} + e^- \rightleftharpoons Cr^{2+}$	−0.407
Cd^{2+}/Cd	$Cd^{2+} + 2e^- \rightleftharpoons Cd$	−0.4030
Se/H_2Se	$Se + 2H^+ + 2e^- \rightleftharpoons H_2Se(aq)$	−0.399
PbI_2/Pb	$PbI_2 + 2e^- \rightleftharpoons Pb + 2I^-$	−0.365
Eu^{3+}/Eu^{2+}	$Eu^{3+} + e^- \rightleftharpoons Eu^{2+}$	−0.36
$PbSO_4/Pb$	$PbSO_4 + 2e^- \rightleftharpoons Pb + SO_4^{2-}$	−0.3588
In^{3+}/In	$In^{3+} + 3e^- \rightleftharpoons In$	−0.3382
Tl^+/Tl	$Tl^+ + e^- \rightleftharpoons Tl$	−0.336
Co^{2+}/Co	$Co^{2+} + 2e^- \rightleftharpoons Co$	−0.28
H_3PO_4/H_3PO_3	$H_3PO_4 + 2H^+ + 2e^- \rightleftharpoons H_3PO_3 + H_2O$	−0.276
$PbCl_2/Pb$	$PbCl_2 + 2e^- \rightleftharpoons Pb + 2Cl^-$	−0.2675
Ni^{2+}/Ni	$Ni^{2+} + 2e^- \rightleftharpoons Ni$	−0.257
V^{3+}/V^{2+}	$V^{3+} + e^- \rightleftharpoons V^{2+}$	−0.255
H_2GeO_3/Ge	$H_2GeO_3 + 4H^+ + 4e^- \rightleftharpoons Ge + 3H_2O$	−0.182
AgI/Ag	$AgI + e^- \rightleftharpoons Ag + I^-$	−0.15224
Sn^{2+}/Sn	$Sn^{2+} + 2e^- \rightleftharpoons Sn$	−0.1375
Pb^{2+}/Pb	$Pb^{2+} + 2e^- \rightleftharpoons Pb$	−0.1262
CO_2/CO	$CO_2(g) + 2H^+ + 2e^- \rightleftharpoons CO + H_2O$	−0.12
P/PH_3	$P(white) + 3H^+ + 3e^- \rightleftharpoons PH_3(g)$	−0.063
Hg_2I_2/Hg	$Hg_2I_2 + 2e^- \rightleftharpoons 2Hg + 2I^-$	−0.0405
Fe^{3+}/Fe	$Fe^{3+} + 3e^- \rightleftharpoons Fe$	−0.037
H^+/H_2	$2H^+ + 2e^- \rightleftharpoons H_2$	0.0000
$AgBr/Ag$	$AgBr + e^- \rightleftharpoons Ag + Br^-$	0.07133
$S_4O_6^{2-}/S_2O_3^{2-}$	$S_4O_6^{2-} + 2e^- \rightleftharpoons 2S_2O_3^{2-}$	0.08
TiO^{2+}/Ti^{3+}	$TiO^{2+} + 2H^+ + e^- \rightleftharpoons Ti^{3+} + H_2O$	0.1
S/H_2S	$S + 2H^+ + 2e^- \rightleftharpoons H_2S(aq)$	0.142
Sn^{4+}/Sn^{2+}	$Sn^{4+} + 2e^- \rightleftharpoons Sn^{2+}$	0.151
Sb_2O_3/Sb	$Sb_2O_3 + 6H^+ + 6e^- \rightleftharpoons 2Sb + 3H_2O$	0.152
Cu^{2+}/Cu^+	$Cu^{2+} + e^- \rightleftharpoons Cu^+$	0.153
$BiOCl/Bi$	$BiOCl + 2H^+ + 3e^- \rightleftharpoons Bi + Cl^- + H_2O$	0.1583
SO_4^{2-}/H_2SO_3	$SO_4^{2-} + 4H^+ + 2e^- \rightleftharpoons H_2SO_3 + H_2O$	0.172

续表

电对	电极反应	$E^{\ominus}$(V)
SbO^+/Sb	$SbO^+ + 2H^+ + 3e^- \rightleftharpoons Sb + H_2O$	0.212
$AgCl/Ag$	$AgCl + e^- \rightleftharpoons Ag + Cl^-$	0.22233
$HAsO_2/As$	$HAsO_2 + 3H^+ + 3e^- \rightleftharpoons As + 2H_2O$	0.248
Hg_2Cl_2/Hg	$Hg_2Cl_2 + 2e^- \rightleftharpoons 2Hg + 2Cl^-$(饱和 KCl)	0.26808
BiO^+/Bi	$BiO^+ + 2H^+ + 3e^- \rightleftharpoons Bi + H_2O$	0.320
UO_2^{2+}/U^{4+}	$UO_2^{2+} + 4H^+ + 2e^- \rightleftharpoons U^{4+} + 2H_2O$	0.327
$HCNO/(CN)_2$	$2HCNO + 2H^+ + 2e^- \rightleftharpoons (CN)_2 + 2H_2O$	0.330
VO^{2+}/V^{3+}	$VO^{2+} + 2H^+ + e^- \rightleftharpoons V^{3+} + H_2O$	0.337
Cu^{2+}/Cu	$Cu^{2+} + 2e^- \rightleftharpoons Cu$	0.3419
ReO_4^-/Re	$ReO_4^- + 8H^+ + 7e^- \rightleftharpoons Re + 4H_2O$	0.368
Ag_2CrO_4/Ag	$Ag_2CrO_4 + 2e^- \rightleftharpoons 2Ag + CrO_4^{2-}$	0.4470
H_2SO_3/S	$H_2SO_3 + 4H^+ + 4e^- \rightleftharpoons S + 3H_2O$	0.449
Cu^+/Cu	$Cu^+ + e^- \rightleftharpoons Cu$	0.521
I_2/I^-	$I_2 + 2e^- \rightleftharpoons 2I^-$	0.5355
I_3^-/I^-	$I_3^- + 2e^- \rightleftharpoons 3I^-$	0.536
$H_3AsO_4/HAsO_2$	$H_3AsO_4 + 2H^+ + 2e^- \rightleftharpoons HAsO_2 + 2H_2O$	0.560
Sb_2O_5/SbO^+	$Sb_2O_5 + 6H^+ + 4e^- \rightleftharpoons 2SbO^+ + 3H_2O$	0.581
TeO_2/Te	$TeO_2 + 4H^+ + 4e^- \rightleftharpoons Te + 2H_2O$	0.593
UO_2^+/U^{4+}	$UO_2^+ + 4H^+ + e^- \rightleftharpoons U^{4+} + 2H_2O$	0.612
$HgCl_2/Hg_2Cl_2$	$2HgCl_2 + 2e^- \rightleftharpoons Hg_2Cl_2 + 2Cl^-$	0.63
$[PtCl_6]^{2-}/[PtCl_4]^{2-}$	$[PtCl_6]^{2-} + 2e^- \rightleftharpoons [PtCl_4]^{2-} + 2Cl^-$	0.68
O_2/H_2O_2	$O_2 + 2H^+ + 2e^- \longrightarrow H_2O_2$	0.695
$[PtCl_4]^{2-}/Pt$	$[PtCl_4]^{2-} + 2e^- \rightleftharpoons Pt + 4Cl^-$	0.755
H_2SeO_3/Se	$H_2SeO_3 + 4H^+ + 4e^- \rightleftharpoons Se + 3H_2O$	0.74
Fe^{3+}/Fe^{2+}	$Fe^{3+} + e^- \rightleftharpoons Fe^{2+}$	0.771
Hg_2^{2+}/Hg	$Hg_2^{2+} + 2e^- \rightleftharpoons 2Hg$	0.7973
Ag^+/Ag	$Ag^+ + e^- \rightleftharpoons Ag$	0.7996
OsO_4/Os	$OsO_4 + 8H^+ + 8e^- \rightleftharpoons Os + 4H_2O$	0.8
NO_3^-/N_2O_4	$2NO_3^- + 4H^+ + 2e^- \rightleftharpoons N_2O_4 + 2H_2O$	0.803
Hg^{2+}/Hg	$Hg^{2+} + 2e^- \rightleftharpoons Hg$	0.851
SiO_2/Si	(quartz)$SiO_2 + 4H^+ + 4e^- \rightleftharpoons Si + 2H_2O$	0.857

续表

电对	电极反应	$E^{\ominus}$(V)
Cu^{2+}/CuI	$Cu^{2+}+I^{-}+e^{-}\rightleftharpoons CuI$	0.86
$HNO_2/H_2N_2O_2$	$2HNO_2+4H^{+}+4e^{-}\rightleftharpoons H_2N_2O_2+2H_2O$	0.86
Hg^{2+}/Hg_2^{2+}	$2Hg^{2+}+2e^{-}\rightleftharpoons Hg_2^{2+}$	0.920
NO_3^{-}/HNO_2	$NO_3^{-}+3H^{+}+2e^{-}\rightleftharpoons HNO_2+H_2O$	0.934
Pd^{2+}/Pd	$Pd^{2+}+2e^{-}\rightleftharpoons Pd$	0.951
NO_3^{-}/NO	$NO_3^{-}+4H^{+}+3e^{-}\rightleftharpoons NO+2H_2O$	0.957
HNO_2/NO	$HNO_2+H^{+}+e^{-}\rightleftharpoons NO+H_2O$	0.983
HIO/I^{-}	$HIO+H^{+}+2e^{-}\rightleftharpoons I^{-}+H_2O$	0.987
VO_2^{+}/VO^{2+}	$VO_2^{+}+2H^{+}+e^{-}\rightleftharpoons VO^{2+}+H_2O$	0.991
$V(OH)_4^{+}/VO^{2+}$	$V(OH)_4^{+}+2H^{+}+e^{-}\rightleftharpoons VO^{2+}+3H_2O$	1.00
$[AuCl_4]^{-}/Au$	$[AuCl_4]^{-}+3e^{-}\rightleftharpoons Au+4Cl^{-}$	1.002
H_6TeO_6/TeO_2	$H_6TeO_6+2H^{+}+2e^{-}\rightleftharpoons TeO_2+4H_2O$	1.02
N_2O_4/NO	$N_2O_4+4H^{+}+4e^{-}\rightleftharpoons 2NO+2H_2O$	1.035
N_2O_4/HNO_2	$N_2O_4+2H^{+}+2e^{-}\rightleftharpoons 2HNO_2$	1.065
IO_3^{-}/I^{-}	$IO_3^{-}+6H^{+}+6e^{-}\rightleftharpoons I^{-}+3H_2O$	1.085
Br_2/Br^{-}	$Br_2(aq)+2e^{-}\rightleftharpoons 2Br^{-}$	1.0873
SeO_4^{2-}/H_2SeO_3	$SeO_4^{2-}+4H^{+}+2e^{-}\rightleftharpoons H_2SeO_3+H_2O$	1.151
ClO_3^{-}/ClO_2	$ClO_3^{-}+2H^{+}+e^{-}\rightleftharpoons ClO_2+H_2O$	1.152
Pt^{2+}/Pt	$Pt^{2+}+2e^{-}\rightleftharpoons Pt$	1.18
ClO_4^{-}/ClO_3^{-}	$ClO_4^{-}+2H^{+}+2e^{-}\rightleftharpoons ClO_3^{-}+H_2O$	1.189
IO_3^{-}/I_2	$2IO_3^{-}+12H^{+}+10e^{-}\rightleftharpoons I_2+6H_2O$	1.195
$ClO_3^{-}/HClO_2$	$ClO_3^{-}+3H^{+}+2e^{-}\rightleftharpoons HClO_2+H_2O$	1.214
MnO_2/Mn^{2+}	$MnO_2+4H^{+}+2e^{-}\rightleftharpoons Mn^{2+}+2H_2O$	1.224
O_2/H_2O	$O_2+4H^{+}+4e^{-}\rightleftharpoons 2H_2O$	1.229
$T1^{3+}/T^{+}$	$T1^{3+}+2e^{-}\rightleftharpoons Tl^{+}$	1.252
$ClO_2/HClO_2$	$ClO_2+H^{+}+e^{-}\rightleftharpoons HClO_2$	1.277
HNO_2/N_2O	$2HNO_2+4H^{+}+4e^{-}\rightleftharpoons N_2O+3H_2O$	1.297
$Cr_2O_7^{2-}/Cr^{3+}$	$Cr_2O_7^{2-}+14H^{+}+6e^{-}\rightleftharpoons 2Cr^{3+}+7H_2O$	1.33
$HBrO/Br^{-}$	$HBrO+H^{+}+2e^{-}\rightleftharpoons Br^{-}+H_2O$	1.331
$HCrO_4^{-}/Cr^{3+}$	$HCrO_4^{-}+7H^{+}+3e^{-}\rightleftharpoons Cr^{3+}+4H_2O$	1.350
Cl_2/Cl^{-}	$Cl_2(g)+2e^{-}\rightleftharpoons 2Cl^{-}$	1.35827

续表

电对	电极反应	$E^{\ominus}$(V)
ClO_4^-/Cl^-	$ClO_4^- + 8H^+ + 8e^- \rightleftharpoons Cl^- + 4H_2O$	1.389
ClO_4^-/Cl_2	$ClO_4^- + 8H^+ + 7e^- \rightleftharpoons 1/2Cl_2 + 4H_2O$	1.39
Au^{3+}/Au^+	$Au^{3+} + 2e^- \rightleftharpoons Au^+$	1.401
BrO_3^-/Br^-	$BrO_3^- + 6H^+ + 6e^- \rightleftharpoons Br^- + 3H_2O$	1.423
HIO/I_2	$2HIO + 2H^+ + 2e^- \rightleftharpoons I_2 + 2H_2O$	1.439
ClO_3^-/Cl^-	$ClO_3^- + 6H^+ + 6e^- \rightleftharpoons Cl^- + 3H_2O$	1.451
PbO_2/Pb^{2+}	$PbO_2 + 4H^+ + 2e^- \rightleftharpoons Pb^{2+} + 2H_2O$	1.455
ClO_3^-/Cl_2	$ClO_3^- + 6H^+ + 5e^- \rightleftharpoons 1/2Cl_2 + 3H_2O$	1.47
$HClO/Cl^-$	$HClO + H^+ + 2e^- \rightleftharpoons Cl^- + H_2O$	1.482
BrO_3^-/Br_2	$BrO_3^- + 6H^+ + 5e^- \rightleftharpoons 1/2Br_2 + 3H_2O$	1.482
Au^{3+}/Au	$Au^{3+} + 3e^- \rightleftharpoons Au$	1.498
MnO_4^-/Mn^{2+}	$MnO_4^- + 8H^+ + 5e^- \rightleftharpoons Mn^{2+} + 4H_2O$	1.507
Mn^{3+}/Mn^{2+}	$Mn^{3+} + e^- \rightleftharpoons Mn^{2+}$	1.5415
$HClO_2/Cl^-$	$HClO_2 + 3H^+ + 4e^- \rightleftharpoons Cl^- + 2H_2O$	1.570
$HBrO/Br_2$	$HBrO + H^+ + e^- \rightleftharpoons 1/2Br_2(aq) + H_2O$	1.574
NO/N_2O	$2NO + 2H^+ + 2e^- \rightleftharpoons N_2O + H_2O$	1.591
H_5IO_6/IO_3^-	$H_5IO_6 + H^+ + 2e^- \rightleftharpoons IO_3^- + 3H_2O$	1.601
$HClO/Cl_2$	$HClO + H^+ + e^- \rightleftharpoons 1/2Cl_2 + H_2O$	1.611
$HClO_2/HClO$	$HClO_2 + 2H^+ + 2e^- \rightleftharpoons HClO + H_2O$	1.645
NiO_2/Ni^{2+}	$NiO_2 + 4H^+ + 2e^- \rightleftharpoons Ni^{2+} + 2H_2O$	1.678
MnO_4^-/MnO_2	$MnO_4^- + 4H^+ + 3e^- \rightleftharpoons MnO_2 + 2H_2O$	1.679
$PbO_2/PbSO_4$	$PbO_2 + SO_4^{2-} + 4H^+ + 2e^- \rightleftharpoons PbSO_4 + 2H_2O$	1.6913
Au^+/Au	$Au^+ + e^- \rightleftharpoons Au$	1.692
Ce^{4+}/Ce^{3+}	$Ce^{4+} + e^- \rightleftharpoons Ce^{3+}$	1.72
N_2O/N_2	$N_2O + 2H^+ + 2e^- \rightleftharpoons N_2 + H_2O$	1.766
H_2O_2/H_2O	$H_2O_2 + 2H^+ + 2e^- \rightleftharpoons 2H_2O$	1.776
Co^{3+}/Co^{2+}	$Co^{3+} + e^- \rightleftharpoons Co^{2+}$ (2mol/L H_2SO_4)	1.83
Ag^{2+}/Ag^+	$Ag^{2+} + e^- \rightleftharpoons Ag^+$	1.980
$S_2O_8^{2-}/SO_4^{2-}$	$S_2O_8^{2-} + 2e^- \rightleftharpoons 2SO_4^{2-}$	2.010
O_3/H_2O	$O_3 + 2H^+ + 2e^- \rightleftharpoons O_2 + H_2O$	2.076
F_2O/H_2O	$F_2O + 2H^+ + 4e^- \rightleftharpoons H_2O + 2F^-$	2.153

续表

电对	电极反应	$E^{\ominus}$(V)
FeO_4^{2-}/Fe^{3+}	$FeO_4^{2-}+8H^++3e^- \rightleftharpoons Fe^{3+}+4H_2O$	2.20
O/H_2O	$O(g)+2H^++2e^- \rightleftharpoons H_2O$	2.421
F_2/F^-	$F_2+2e^- \rightleftharpoons 2F^-$	2.866
	$F_2+2H^++2e^- \rightleftharpoons 2HF$	3.053

2. 在碱性溶液中

电对	电极反应	$E^{\ominus}$(V)
$Ca(OH)_2/Ca$	$Ca(OH)_2+2e^- \rightleftharpoons Ca+2OH^-$	−3.02
$Ba(OH)_2/Ba$	$Ba(OH)_2+2e^- \rightleftharpoons Ba+2OH^-$	−2.99
$La(OH)_3/La$	$La(OH)_3+3e^- \rightleftharpoons La+3OH^-$	−2.90
$Sr(OH)_2\cdot 8H_2O/Sr$	$Sr(OH)_2\cdot 8H_2O+2e^- \rightleftharpoons Sr+2OH^-+8H_2O$	−2.88
$Mg(OH)_2/Mg$	$Mg(OH)_2+2e^- \rightleftharpoons Mg+2OH^-$	−2.690
$Be_2O_3^{2-}/Be$	$Be_2O_3^{2-}+3H_2O+4e^- \rightleftharpoons 2Be+6OH^-$	−2.63
$HfO(OH)_2/Hf$	$HfO(OH)_2+H_2O+4e^- \rightleftharpoons Hf+4OH^-$	−2.50
H_2ZrO_3/Zr	$H_2ZrO_3+H_2O+4e^- \rightleftharpoons Zr+4OH^-$	−2.36
$H_2AlO_3^-/Al$	$H_2AlO_3^-+H_2O+3e^- \rightleftharpoons Al+OH^-$	−2.33
$H_2PO_2^-/P$	$H_2PO_2^-+e^- \rightleftharpoons P+2OH^-$	−1.82
$H_2BO_3^-/B$	$H_2BO_3^-+H_2O+3e^- \rightleftharpoons B+4OH^-$	−1.79
HPO_3^{2-}/P	$HPO_3^{2-}+2H_2O+3e^- \rightleftharpoons P+5OH^-$	−1.71
SiO_3^{2-}/Si	$SiO_3^{2-}+3H_2O+4e^- \rightleftharpoons Si+6OH^-$	−1.697
$HPO_3^{2-}/H_2PO_2^-$	$HPO_3^{2-}+2H_2O+2e^- \rightleftharpoons H_2PO_2^-+3OH^-$	−1.65
$Mn(OH)_2/Mn$	$Mn(OH)_2+2e^- \rightleftharpoons Mn+2OH^-$	−1.56
$Cr(OH)_3/Cr$	$Cr(OH)_3+3e^- \rightleftharpoons Cr+3OH^-$	−1.48
$[Zn(CN)_4]^{2-}/Zn$	$[Zn(CN)_4]^{2-}+2e^- \rightleftharpoons Zn+4CN^-$	−1.26
$Zn(OH)_2/Zn$	$Zn(OH)_2+2e^- \rightleftharpoons Zn+2OH^-$	−1.249
$H_2GaO_3^-/Ga$	$H_2GaO_3^-+H_2O+2e^- \rightleftharpoons Ga+4OH^-$	−1.219
ZnO_2^{2-}/Zn	$ZnO_2^{2-}+2H_2O+2e^- \rightleftharpoons Zn+4OH^-$	−1.215
CrO_2^-/Cr	$CrO_2^-+2H_2O+3e^- \rightleftharpoons Cr+4OH^-$	−1.2
Te/Te^{2-}	$Te+2e^- \rightleftharpoons Te^{2-}$	−1.143

续表

电对	电极反应	$E^{\ominus}$(V)
PO_4^{3-}/HPO_3^{2-}	$PO_4^{3-}+2H_2O+2e^- \rightleftharpoons HPO_3^{2-}+3OH^-$	-1.05
$[Zn(NH_3)_4]^{2+}/Zn$	$[Zn(NH_3)_4]^{2+}+2e^- \rightleftharpoons Zn+4NH_3$	-1.04
WO_4^{2-}/W	$WO_4^{2-}+4H_2O+6e^- \rightleftharpoons W+8OH^-$	-1.01
$HGeO_3^-/Ge$	$HGeO_3^-+2H_2O+4e^- \rightleftharpoons Ge+5OH^-$	-1.0
$[Sn(OH)_6]^{2-}/HSnO_2^-$	$[Sn(OH)_6]^{2-}+2e^- \rightleftharpoons HSnO_2^-+H_2O+3OH^-$	-0.93
SO_4^{2-}/SO_3^{2-}	$SO_4^{2-}+H_2O+2e^- \rightleftharpoons SO_3^{2-}+2OH^-$	-0.93
Se/Se^{2-}	$Se+2e^- \rightleftharpoons Se^{2-}$	-0.924
$HSnO_2^-/Sn$	$HSnO_2^-+H_2O+2e^- \rightleftharpoons Sn+3OH^-$	-0.909
P/PH_3	$P+3H_2O+3e^- \rightleftharpoons PH_3(g)+3OH^-$	-0.87
NO_3^-/N_2O_4	$2NO_3^-+2H_2O+2e^- \rightleftharpoons N_2O_4+4OH^-$	-0.85
H_2O/H_2	$2H_2O+2e^- \rightleftharpoons H_2+2OH^-$	-0.8277
$Cd(OH)_2/Cd$	$Cd(OH)_2+2e^- \rightleftharpoons Cd+2OH^-$	-0.809
$Co(OH)_2/Co$	$Co(OH)_2+2e^- \rightleftharpoons Co+2OH^-$	-0.73
$Ni(OH)_2/Ni$	$Ni(OH)_2+2e^- \rightleftharpoons Ni+2OH^-$	-0.72
AsO_4^{3-}/AsO_2^-	$AsO_4^{3-}+2H_2O+2e^- \rightleftharpoons AsO_2^-+4OH^-$	-0.71
Ag_2S/Ag	$Ag_2S+2e^- \rightleftharpoons 2Ag+S^{2-}$	-0.691
AsO_2^-/As	$AsO_2^-+2H_2O+3e^- \rightleftharpoons As+4OH^-$	-0.68
SbO_2^-/Sb	$SbO_2^-+2H_2O+3e^- \rightleftharpoons Sb+4OH^-$	-0.66
ReO_4^-/ReO_2	$ReO_4^-+2H_2O+3e^- \rightleftharpoons ReO_2+4OH^-$	-0.59
SbO_3^-/SbO_2^-	$SbO_3^-+H_2O+2e^- \rightleftharpoons SbO_2^-+2OH^-$	-0.59
ReO_4^-/Re	$ReO_4^-+4H_2O+7e^- \rightleftharpoons Re+8OH^-$	-0.584
$SO_3^{2-}/S_2O_3^{2-}$	$2SO_3^{2-}+3H_2O+4e^- \rightleftharpoons S_2O_3^{2-}+6OH$	-0.58
TeO_3^{2-}/Te	$TeO_3^{2-}+3H_2O+4e^- \rightleftharpoons Te+6OH^-$	-0.57
$Fe(OH)_3/Fe(OH)_2$	$Fe(OH)_3+e^- \rightleftharpoons Fe(OH)_2+OH^-$	-0.56
S/S^{2-}	$S+2e^- \rightleftharpoons S^{2-}$	-0.47627
Bi_2O_3/Bi	$Bi_2O_3+3H_2O+6e^- \rightleftharpoons 2Bi+6OH^-$	-0.46
NO_2^-/NO	$NO_2^-+H_2O+e^- \rightleftharpoons NO+2OH^-$	-0.46
$[Co(NH_3)_6]^{2+}/Co$	$[Co(NH_3)_6]^{2+}+2e^- \rightleftharpoons Co+6NH_3$	-0.422
SeO_3^{2-}/Se	$SeO_3^{2-}+3H_2O+4e^- \rightleftharpoons Se+6OH^-$	-0.366
Cu_2O/Cu	$Cu_2O+H_2O+2e^- \rightleftharpoons 2Cu+2OH^-$	-0.360
$Tl(OH)/Tl$	$Tl(OH)+e^- \rightleftharpoons Tl+OH^-$	-0.34

续表

电对	电极反应	$E^\ominus$(V)
$[Ag(CN)_2]^-/Ag$	$[Ag(CN)_2]^- + e^- \rightleftharpoons Ag + 2CN^-$	−0.31
$Cu(OH)_2/Cu$	$Cu(OH)_2 + 2e^- \rightleftharpoons Cu + 2OH^-$	−0.222
$CrO_4^{2-}/Cr(OH)_3$	$CrO_4^{2-} + 4H_2O + 3e^- \rightleftharpoons Cr(OH)_3 + 5OH^-$	−0.13
$[Cu(NH_3)_2]^+/Cu$	$[Cu(NH_3)_2]^+ + e^- \rightleftharpoons Cu + 2NH_3$	−0.12
O_2/HO_2^-	$O_2 + H_2O + 2e^- \rightleftharpoons HO_2^- + OH^-$	−0.076
$AgCN/Ag$	$AgCN + e^- \rightleftharpoons Ag + CN^-$	−0.017
NO_3^-/NO_2^-	$NO_3^- + H_2O + 2e^- \rightleftharpoons NO_2^- + 2OH^-$	0.01
SeO_4^{2-}/SeO_3^{2-}	$SeO_4^{2-} + H_2O + 2e^- \rightleftharpoons SeO_3^{2-} + 2OH^-$	0.05
$Pd(OH)_2/Pd$	$Pd(OH)_2 + 2e^- \rightleftharpoons Pd + 2OH^-$	0.07
$S_4O_6^{2-}/S_2O_3^{2-}$	$S_4O_6^{2-} + 2e^- \rightleftharpoons 2S_2O_3^{2-}$	0.08
HgO/Hg	$HgO + H_2O + 2e^- \rightleftharpoons Hg + 2OH^-$	0.0977
$[Co(NH_3)_6]^{3+}/[Co(NH_3)_6]^{2+}$	$[Co(NH_3)_6]^{3+} + e^- \rightleftharpoons [Co(NH_3)_6]^{2+}$	0.108
$Pt(OH)_2/Pt$	$Pt(OH)_2 + 2e^- \rightleftharpoons Pt + 2OH^-$	0.14
$Co(OH)_3/Co(OH)_2$	$Co(OH)_3 + e^- \rightleftharpoons Co(OH)_2 + OH^-$	0.17
PbO_2/PbO	$PbO_2 + H_2O + 2e^- \rightleftharpoons PbO + 2OH^-$	0.247
IO_3^-/I^-	$IO_3^- + 3H_2O + 6e^- \rightleftharpoons I^- + 6OH^-$	0.26
ClO_3^-/ClO_2^-	$ClO_3^- + H_2O + 2e^- \rightleftharpoons ClO_2^- + 2OH^-$	0.33
Ag_2O/Ag	$Ag_2O + H_2O + 2e^- \rightleftharpoons 2Ag + 2OH^-$	0.342
$[Fe(CN)_6]^{3-}/[Fe(CN)_6]^{4-}$	$[Fe(CN)_6]^{3-} + e^- \rightleftharpoons [Fe(CN)_6]^{4-}$	0.358
ClO_4^-/ClO_3^-	$ClO_4^- + H_2O + 2e^- \rightleftharpoons ClO_3^- + 2OH^-$	0.36
$[Ag(NH_3)_2]^+/Ag$	$[Ag(NH_3)_2]^+ + e^- \rightleftharpoons Ag + 2NH_3$	0.373
O_2/OH^-	$O_2 + 2H_2O + 4e^- \rightleftharpoons 4OH^-$	0.401
IO^-/I^-	$IO^- + H_2O + 2e^- \rightleftharpoons I^- + 2OH^-$	0.485
$NiO_2/Ni(OH)_2$	$NiO_2 + 2H_2O + 2e^- \rightleftharpoons Ni(OH)_2 + 2OH^-$	0.490
MnO_4^-/MnO_4^{2-}	$MnO_4^- + e^- \rightleftharpoons MnO_4^{2-}$	0.558
MnO_4^-/MnO_2	$MnO_4^- + 2H_2O + 3e^- \rightleftharpoons MnO_2 + 4OH^-$	0.595
MnO_4^{2-}/MnO_2	$MnO_4^{2-} + 2H_2O + 2e^- \rightleftharpoons MnO_2 + 4OH^-$	0.60
AgO/Ag_2O	$2AgO + H_2O + 2e^- \rightleftharpoons Ag_2O + 2OH^-$	0.607
BrO_3^-/Br^-	$BrO_3^- + 3H_2O + 6e^- \rightleftharpoons Br^- + 6OH^-$	0.61
ClO_3^-/Cl^-	$ClO_3^- + 3H_2O + 6e^- \rightleftharpoons Cl^- + 6OH^-$	0.62
ClO_2^-/ClO^-	$ClO_2^- + H_2O + 2e^- \rightleftharpoons ClO^- + 2OH^-$	0.66

续表

电对	电极反应	$E^{\ominus}$(V)
$H_3IO_6^{2-}/IO_3^-$	$H_3IO_6^{2-}+2e^- \rightleftharpoons IO_3^- + 3OH^-$	0.7
ClO_2^-/Cl^-	$ClO_2^- + 2H_2O + 4e^- \rightleftharpoons Cl^- + 4OH^-$	0.76
BrO^-/Br^-	$BrO^- + H_2O + 2e^- \rightleftharpoons Br^- + 2OH^-$	0.761
ClO^-/Cl^-	$ClO^- + H_2O + 2e^- \rightleftharpoons Cl^- + 2OH^-$	0.841
ClO_2/ClO_2^-	$ClO_2(g) + e^- \rightleftharpoons ClO_2^-$	0.95
O_3/OH^-	$O_3 + H_2O + 2e^- \rightleftharpoons O_2 + 2OH^-$	1.24

说明：本数据摘自① D. R. Lide. Handbook of Chemistry and Physics[M]. 78th. edition. Boca Raton: CRC Press, 1997～1998. ② J. A. Dean. Lange's Handbook of Chemistry[M]. 13th. edition. New York: McGraw-Hill, 1985.

表中所列的标准电极电势是相对于标准氢电极电势的值。标准氢电极电势被规定为零伏特(0.0 V)。

附录七　特种试剂的配制

试剂名称	配制方法	备注
银氨溶液	1.5 mL 2% $AgNO_3$ + 2% $NH_3 \cdot H_2O$ 振荡，至生成的沉淀完全溶解为止	现用现配，贮于棕色瓶中
斐林试剂	A 液：3.5 g $CuSO_4 \cdot 5H_2O$ + 100 mL水 B 液：17 g $KNaC_4H_4O_6 \cdot 4H_2O$ + 20 mL 热水 + 20 mL 25%NaOH + 水→100 mL	A、B 液分别贮存；临用前取 A、B 液等量混合
席夫试剂（品红亚硫酸溶液）	① 0.50 g 品红的盐酸盐晶体 + 100 mL 热水，冷却后通入 SO_2，使溶液呈无色 + 水→500 mL；或② 0.20 g 品红的盐酸盐晶体 + 100 mL 热水，冷却后，加 2 g $NaHSO_3$ + 2mL 浓 HCl，搅匀后，至红色褪去	①、②法中当配制完毕时，如呈粉红色，可加入 0.5 g 活性炭，搅拌后过滤；试剂贮于严密的棕色瓶中
淀粉溶液	1 g 可溶性淀粉 + 10 mL 水，边搅拌边加入 20 mL 热水中，煮沸 1 min	现用现配，如保存可加入 0.5 g KI 及 2～3滴氯仿
碘化钾淀粉溶液	100 mL 淀粉溶液 + 1 g KI	不得显蓝色，现用现配
漂白粉溶液	1 g 漂白粉 + 水→100 mL，搅匀，取上层清液	现用现配

续表

试剂名称	配制方法	备注
次氯酸钠溶液	含10%～14%有效氯	用时与等量水混合
钼酸铵试剂	45g $(NH_4)_2MoO_4 \cdot 4H_2O$ 或 40 g 纯 MoO_3 + 70 mL $NH_3 \cdot H_2O$ + 140 mL 水，全溶解后，再缓缓加入 250 mL 浓 HNO_3 和 500 mL 水的混合液中，边加边搅拌，最后，加水至 1 L。放置 1～2 天，倾取上层清液备用	
奈斯勒试剂 $K_2(HgI_4)$	2.5 g $HgCl_2$ + 10 mL 热水，慢慢加入 5 g KI 和 5 mL 水的溶液中、振荡，至生成的红色沉淀不溶解为止，冷却，加氢氧化钾溶液（15 g KOH 和 30 mL 水）+ 水至 100 mL，再加入上面的 $HgCl_2$ 溶液 0.5 mL，振荡。将上述溶液静置一昼夜，倾取上层清液备用	贮于棕色瓶中，用橡皮塞塞紧
溴水 $Br_2 + H_2O$	在带有良好磨口塞的玻璃瓶内，将市售溴约 50 g(16 mL)注入 1 L 水中。在 2 h 内经常剧烈振荡，每次振荡之后微开塞子，使积聚的溴蒸气放出。在储存瓶底总有过量的溴。将溴水倒入试剂瓶时剩余的溴应留于储存瓶中而不倒入试剂瓶（倾倒溴和溴水时应在通风橱中进行）	操作时为了防止溴蒸气的灼伤，应戴上乳胶或橡胶手套，也可以将凡士林涂于手上
碘液 $I_2 + H_2O$	将 1.3 g 碘和 5 g 碘化钾溶解在尽可能少量的水中，待碘完全溶解后（充分搅动），再加水稀释至 1 L。按此所配成的碘液其浓度为0.01 mol/L	

参 考 文 献

[1] 中国环境监测总站《环境水质监测质量保证手册》编写组.环境水质监测质量保证手册[M].2版.北京:化学工业出版社,1994.

[2] 国家环境保护局科技标准司.大气环境分析方法标准工作手册[M].1998.

[3] 国家环境保护总局《水和废水监测分析方法》编委会.水和废水监测分析方法[M].4版.北京:中国环境科学出版社,2002.

[4] 四川大学化工学院,浙江大学化学系.分析化学实验[M].3版.北京:高等教育出版社,2002.

[5] 大连理工大学无机化学教研室.无机化学实验[M].2版.北京:高等教育出版社,2003.

[6] 李浙齐.精细化工实验[M].北京:化学工业出版社,2009.

[7] 高明慧.化学与人类文明实验指导书[M].杭州:浙江大学出版社,2009.